ファーストコールカンパニーシリーズ

建設業が勝ち残る「ビジネスモデル革新」

相見積もりの価格競争に乗らない6つの戦略

竹内建一郎 著
タナベ経営 建設ソリューションコンサルティングチーム リーダー
＋
タナベ経営 建設ソリューションコンサルティングチーム 編

ダイヤモンド社

はじめに

二〇二〇年東京オリンピック・パラリンピック開催後の国内経済の不透明感、さらには人手不足の深刻化を受け、建設分野で事業を営む法人からのコンサルティング依頼が増加している。主なコンサルティングテーマとしては、〝ドメイン（事業領域）特化ブランディング戦略〟や〝人材の早期戦力化のための社内アカデミー（企業内大学）設立〟、あるいは〝成長戦略を実現するための中期ビジョン策定〟や〝事業承継を含めた次世代の経営体制構築〟などである。

これは、次に示す三つのポイントが背景にあると考えられる。

①変化と成長が求められる建設業界

多くの建設企業は、「受注型ビジネスモデル」で事業を運営している。今後の建設業における外部環境は、政府建設投資の縮小、技能者の人材不足、新設住宅着工戸数の大幅減少、ＩＣＴ（情報通信技術）の進化などにより、加速度的に変化していく。このような状況においては、従来の受注型ビジネスを現状維持するだけでは、持続的成長・発展など望むべくもない。

もし、あなたの会社が「ライバルと同質化、またはライバルよりも低ポジション」であり、さらに展開している市場が中長期的に成長を望めないとすれば、明日からすぐにでも手を打っていく必要がある。

そもそも企業は、変化するから成長することができる。変化せずに成長を果たした企業を筆者は知らない。企業が成長発展していくためには、新たに出現する社会的・地域的課題の解決を目的に、「変化と成長」を繰り返していかなければならない。

それは、建設企業とて例外ではない。変わらないといけない。しかし、その一方で、過去からの商習慣や業界の常識から抜け出せないのも、建設業界の特徴といえる。特に、「ハコモノづくり」「官公需」中心の受注型経営から脱却できない企業は多い。これは建設業における象徴的な事業構造の症状である。

そこで筆者は、建設企業の変化のポイントとして〝建設を極め、建設らしくない〟スタイルの追求を提唱している。

②〝建設を極め、建設らしくない〟を追求する

建設を〝極める〟とは、「分野や工法」など自社の強みを特定し、設計・施工一体のビジネスモデルを確立することである。

例えば、ある中堅建設業の社長は、「『何でもできる』は、何もできないと言っているに等し

い」と語る。よく建設企業は、仕事欲しさに「何でもできます」と自社をアピールするが、〝何でもできる〟というのは、顧客から見れば競合他社との違いや強みが分かりにくく、結局は相見積もりの価格競争に陥ってしまうからである。

顧客から何で選ばれるか。選ばれる理由が必要である。その会社ではこうした現状認識のもと、社内で議論を重ねた結果、収益改善の突破口として「食品工場建設」で選ばれる道を選択した。そして専門チームづくりをはじめ、食品業界の展示会への出展や、専門誌などの媒体を活用してブランディング活動投資を敢行し、設計・施工型で特命受注（発注者が特定会社に工事を直接依頼する案件）を得る〝極める道〟を確立している。現在は堅調な受注と粗利益率の改善により、好業績を堅持している。

次に〝建設らしくない〟とは、象徴的な例でいえば「事業のサービス化」である。つまり、受注型モデルから脱却し、サービス関連事業を手掛けるということだ。建設事業におけるサービス化の事例としては、ＰＰＰ（パブリック・プライベート・パートナーシップ＝官民連携により公共サービスを効率的に運営すること）／ＰＦＩ（プライベート・ファイナンス・イニシアチブ＝民間の資金やノウハウを活用して公共施設などの社会資本を整備すること）事業がある。政府は二〇一六年五月に「ＰＰＰ／ＰＦＩ推進アクションプラン」を決定し、事業規模を現行の一〇兆～一二兆円から、二〇一三年度～二〇二二年度までの一〇年間で二一兆円へ引き上げるとの目標が定められた。

具体的な事例としては、地方に本社を構えるある中堅建設業が商業施設の建設だけではなく、その後の運営にまで事業範囲を拡大している。この会社は「自転車や徒歩で暮らせるまちづくり」の一翼を担うべく、同様の事業を加速させており、増収・増益基調である。「地元と共に生きる」ことを選択した結果、事業のサービス化というビジネスモデルが明確になった。

「〝建設を極め、建設らしくない〟を追求する」ビジネスモデル革新こそが、建設業がとるべき道であると提言したい。

③人材戦略の構築を急げ

「団塊の世代」が全て後期高齢者（七五歳以上）に移行する二〇二五年には、生産年齢人口（一五歳以上六五歳未満）が五五八万人減少（対二〇一五年比）すると予測されている（国立社会保障・人口問題研究所「日本の将来推計人口（二〇一七年推計）」）。それに伴い、二〇一五年時点で三三一万人いた建設技能者は、「一〇年後に一〇〇万人前後減少する」と見られている。

建設業における人材戦略は、「採用」「育成」「活躍」という三つの側面よりバランスよく組み立てる必要がある。自社が掲げるビジョンの実現に向け、必要なあるべき人材を明確にし、育成においては早期戦力化する。また建設業における人材活躍のポイントとしては、女性の活躍を支援する体制づくりも重要といえる。そして、これらの取り組みは全て採用戦略につながっていく。

組織は戦略に従い、その組織は人材で構成される。ビジョンの実行のためには、人材戦略の構築と推進は必須項目である。建設業は他業種よりも求人倍率が高く、とりわけ技能労働者の不足が深刻だ。本書をきっかけに人材戦略の在り方について見直していただきたい。

二〇一八年六月

タナベ経営　建設ソリューションコンサルティングチーム　リーダー　竹内建一郎

建設業が勝ち残る「ビジネスモデル革新」◎目次

第2章 市場縮小下における経営戦略

第3章 ナンバーワン戦略モデルづくり

第4章 高収益モデル実現のポイント

第5章 成長戦略実現のための人材戦略

第1章

マザー産業「建設業」の実態

復調と同時進行で直面する五つの課題

一九五〇年代の戦後復興、六〇年代の高度経済成長、七〇年代の日本列島改造ブーム、そして八〇年代のバブル景気――。これまで日本経済の大きな節目に主役を担った基幹産業は、まぎれもなく「建設業」であった。繊維、造船、製鉄、家電、自動車、半導体など輸出の花形産業も、つまるところ建設業がつくり上げた社会資本を抜きには語れない。いわば、建設業は日本を先進国へと育て上げた〝マザー産業〟といっても過言ではない。

その建設業が、二〇二〇年の東京オリンピック・パラリンピック開催決定を機に、活況に沸いている。国土交通省の統計データによると、二〇一七年度の建設投資額は五四兆九六〇〇億円（前年度比四・七％増、推計値）と、五年連続で五〇兆円を超える水準となっている。また、建設業の受注状況も好調だ。大手五〇社を対象とした「建設工事受注動態統計調査」（国交省）で、二〇一七年（一～一二月）の工事受注総額は、前年比〇・六％増の一四兆七八二七億円と八年連続で増加した（**【図表1-1】**）。

大手・準大手建設企業は二〇〇九～二〇一〇年度にかけ、国内建設市場の衰退により大幅に売上高が減少し、収益も悪化した。二〇一一年度以降は公共投資が高水準で推移し、民間設備

図表1-1　建設業大手50社の受注高推移(単位:億円、海外受注分を含む)

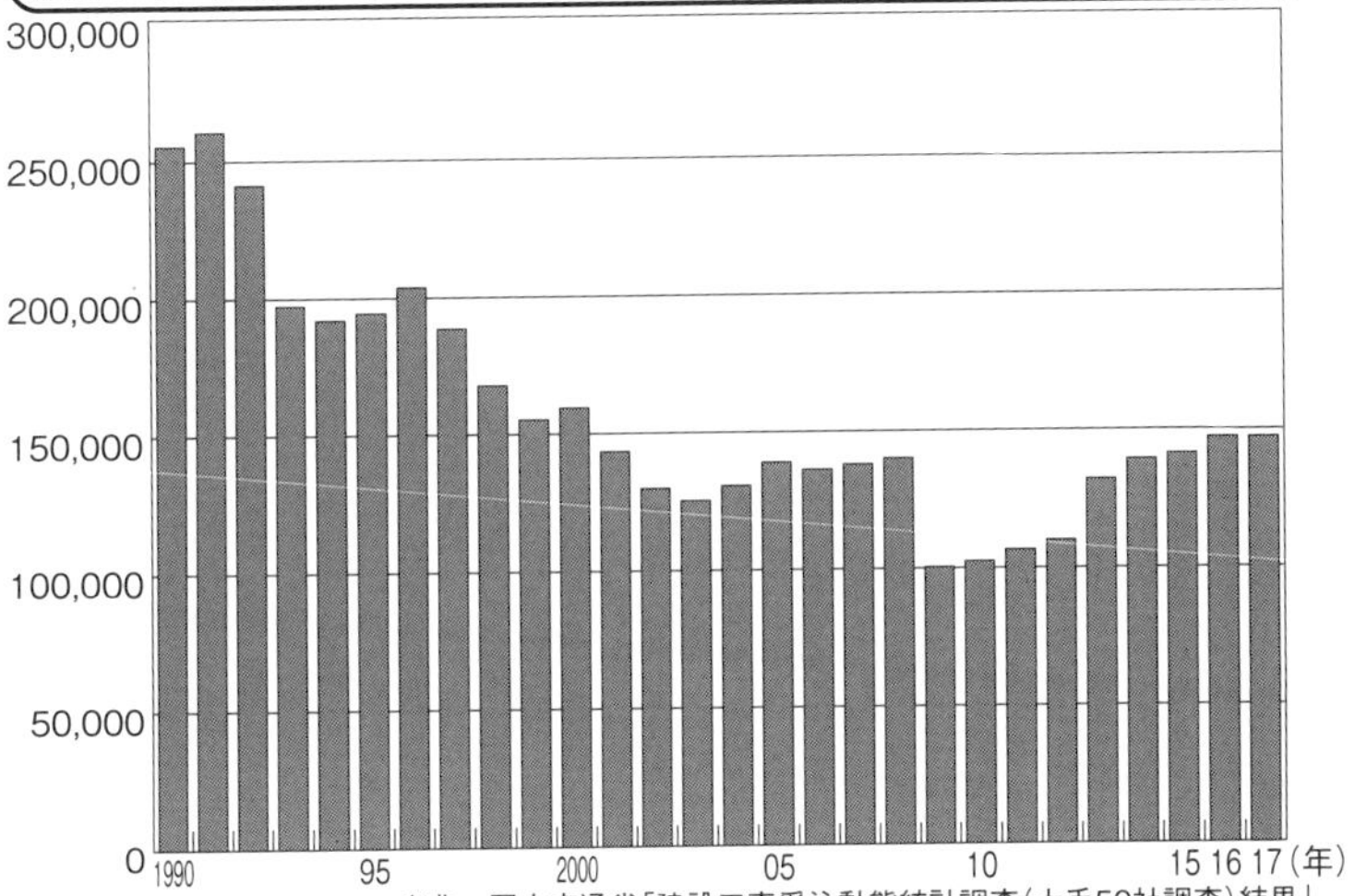

出典：国土交通省「建設工事受注動態統計調査(大手50社調査)結果」

投資も一部で回復が見受けられ、各社とも増収基調に転じたが、原材料価格の上昇や労務需給のひっ迫などの影響により収益が圧迫された。ただし二〇一五年度以降は、受注環境が底堅い状況にあり、不採算工事も一巡したことから軒並み営業利益率は上昇し、二〇一六年度決算では過去最高益を更新する会社も相次いだ。

こうした好調な受注状況を受け、上場建設企業の収益力も一段と高まっている。帝国データバンクの調べ（二〇一七年六月）によると、上場建設企業主要六〇社の二〇一六年度決算での売上総利益率は一二・七％（前年度比〇・八ポイント上昇）。二〇一四年度で大台（一〇・二％）に乗せて以降、受注増減に関わりなく改善傾向が続いている。東京五輪関連事業をはじめ、好調なインバウンド（訪日外国人旅行者）需要を背景とした観光インフラ整備、市街地や商業地の再開発に伴うオフィスビルの解体工事やリフォーム需要、さらに賃貸住宅のリノベーションも活発だ。近年、各社が進めてきた選別受注の効果に加え、官公庁工事における労務単価の引き上げ、資材価格・労務費の落ち着きなど、ゼネコンの事業環境は良化しつつある。

一見、建設マーケットは順調に推移しているように思われる。だが、これらの動きは東日本大震災の復興事業や東京オリンピック・パラリンピック関連投資を中心とした、一時的な活況だと見ておいたほうがよいだろう。中長期的に見た場合、建設業界における構造上の課題は山積みなのである。先行きを見据えると、同時進行で五つの課題に直面し、業界の将来を脅かすと筆者は考えている。建設業を脅かす〝五つの課題〟とは、大きく「縮小する建設マーケット」「コスト過当競争市場」「下請け低収益体質」「加速化する人材不足」「深刻化する後継者難」が挙げられる。いずれもすでに顕在化している課題だが、順を追って説明していこう。

縮小する建設マーケット

まず、押さえるべきポイントの一点目は建設マーケットのトレンドである。前述したように、建設マーケットは二〇一七年度段階で復調傾向にある。とはいえ、それは直近の動きに限定し

図表1-2 建設投資額(名目値)の推移と時代背景

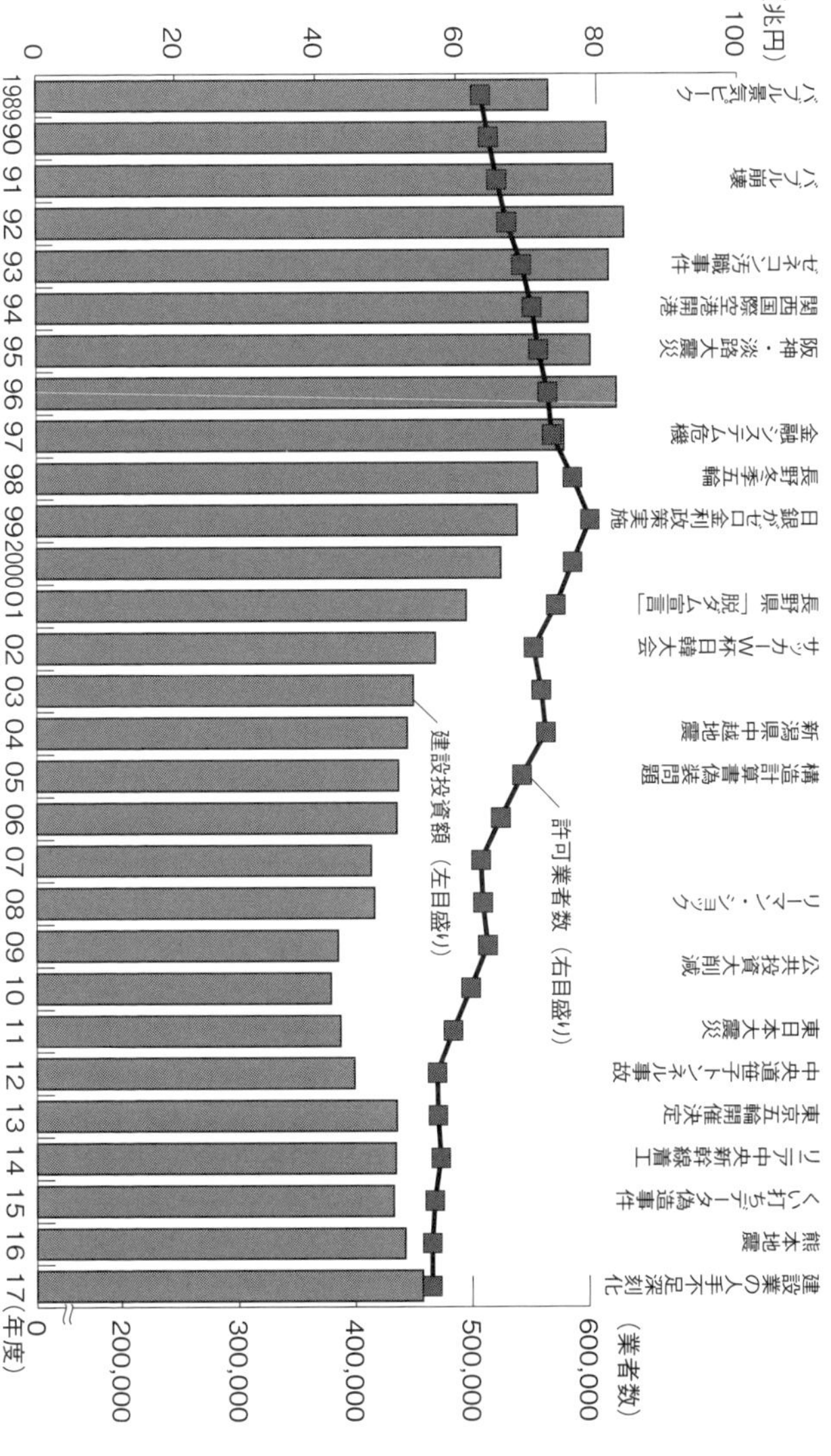

建設投資の2015~16年度は見込み、17年度は見通し。
出典：国土交通省「建設投資見通し」「建設業許可業者数調査」

た場合の話にすぎない。時間軸を広げてみよう。建設投資額の推移を、過去約三〇年間にさかのぼって見てみると、バブル崩壊以降の規模縮小が著しい（【図表1-2】）。

一九八九（平成元）年度を基点にすると、名目建設投資額はバブルが崩壊した一九九二（平成四）年度にピークを迎え、一九九六（平成八）年度の八三兆円から右肩下がりとなっている。二〇〇二（平成一四）年度には六〇兆円を下回り、二〇〇八〜〇九年のリーマン・ショックを経て、二〇一〇（平成二二）年度ではピーク時の半分程度にまで減少した。その後は東日本大震災（二〇一一年）の復興事業、東京オリンピック・パラリンピック関連投資、都市再開発などによって回復傾向へ転じ、ようやく五〇兆円台の水準（二〇一七年度時点）を維持できている状態だ。建設業は国内経済の影響を受けやすいマーケットであることがよく分かる。

しかも、残念ながら今後の先行きは明るくない。東京オリンピック・パラリンピック以降、いわゆる「ポスト2020」の建設マーケットは減少していくとの見通しが出ている（【図表1-3】）。大きな要因は、「人口減少」の影響である。国立社会保障・人口問題研究所「日本の将来推計人口」（二〇一七年三月、出生中位・死亡中位推計）によると、生産年齢人口（一五〜六四歳人口）は一九九五年をピークに減少し、総人口も二〇一〇年をピーク（一億二八〇六万人）に減少。二〇三〇年には一億一九一三万人、二〇五三年では一億人を割り込む（九九二四万人）見込みだ。

人口減少の影響を大きく受けるのが、「新設住宅着工戸数」である。人口減少に伴い、総世帯

図表1-3　2030年度までの建設市場（建設投資額＋維持・修繕額）の予測結果

（名目値、単位:兆円）

年度	建設市場計
2010	48.1
2015	58.3
2016	58.9
2020	56.7 ～ 58.1
2025	55.0 ～ 57.1
2030	53.0 ～ 56.3

※内閣府「中長期の経済財政に関する試算」（2016年7月26日）における「ベースラインケース」
（経済成長率が中長期的に実質1％弱、名目1％半ば程度で推移）の試算数値
出典:一般財団法人建設経済研究所「建設経済レポート『日本経済と公共投資』№67
—建設投資の中長期予測と対応を求められる建設産業の動向と課題—」（2016年10月）

数が二〇二〇年ごろにピークアウトすると見込まれている。また、生産年齢人口の減少が経済の成長を足止めする。そのため新設住宅着工戸数は二〇一七年の九六・二万戸から、二〇二五年には六〇万戸台まで減少すると予想されている（ただし人口減少だけでなく、「住宅の長寿命化」も押し下げ要因になると見られている）。

また、総人口の減少の影響を最も強く受けるのが地方である。地方の人口減少は都市部よりも深刻であり、特に東北、四国では二〇二五年時点の人口が二〇一〇年に比べ、一割以上も減少すると見られている。したがって、首都圏と地方のさらなる地域間格差が拡大する。首都圏を抱える関東エリアでは、二〇二五年まで多くの工事案件が控えている状況にあるものの、地方は首都圏の都市開発に比べると一つ一つの受

注案件や規模が小さく、大型投資も見込めない状況である。

中長期的視点から建設マーケットを見た場合、地域間格差はあるものの、国内の建設投資額は縮小方向に向かうと考えなければならない。筆者は、四〇兆円台前半まで市場が縮小すると考えている。ただ、全てが一律に縮小するわけではない。ストックマーケットや倉庫、宿泊施設など、これから期待できる分野もある（これらについては後述する）。

コスト過当競争市場

建設投資額にスポットを当てて中長期トレンドを見ると、建設マーケットは縮小方向に向かう可能性があると述べた。建設業に関わる上場企業の決算数値を見ても、受注高、利益率ともに順調に推移している。利益率が改善しているのは、鉄骨を含め資材関連の単価が落ち着いていること、労務単価を受注単価へ反映させることができていること、そして追加工事費をしっかり精算できていることなどが背景にある。

ただ、極めて順調に見える一方で、本質的な課題は解決していないように筆者は感じている。

二〇一七年での建設業の倒産件数は一五七九件と九年連続で減少し、過去二〇年間で最低を記録した（【図表１‐４】）。堅調な公共投資や、景気回復による民間投資の増加が倒産減少の要因

図表1-4　建設業の倒産の推移

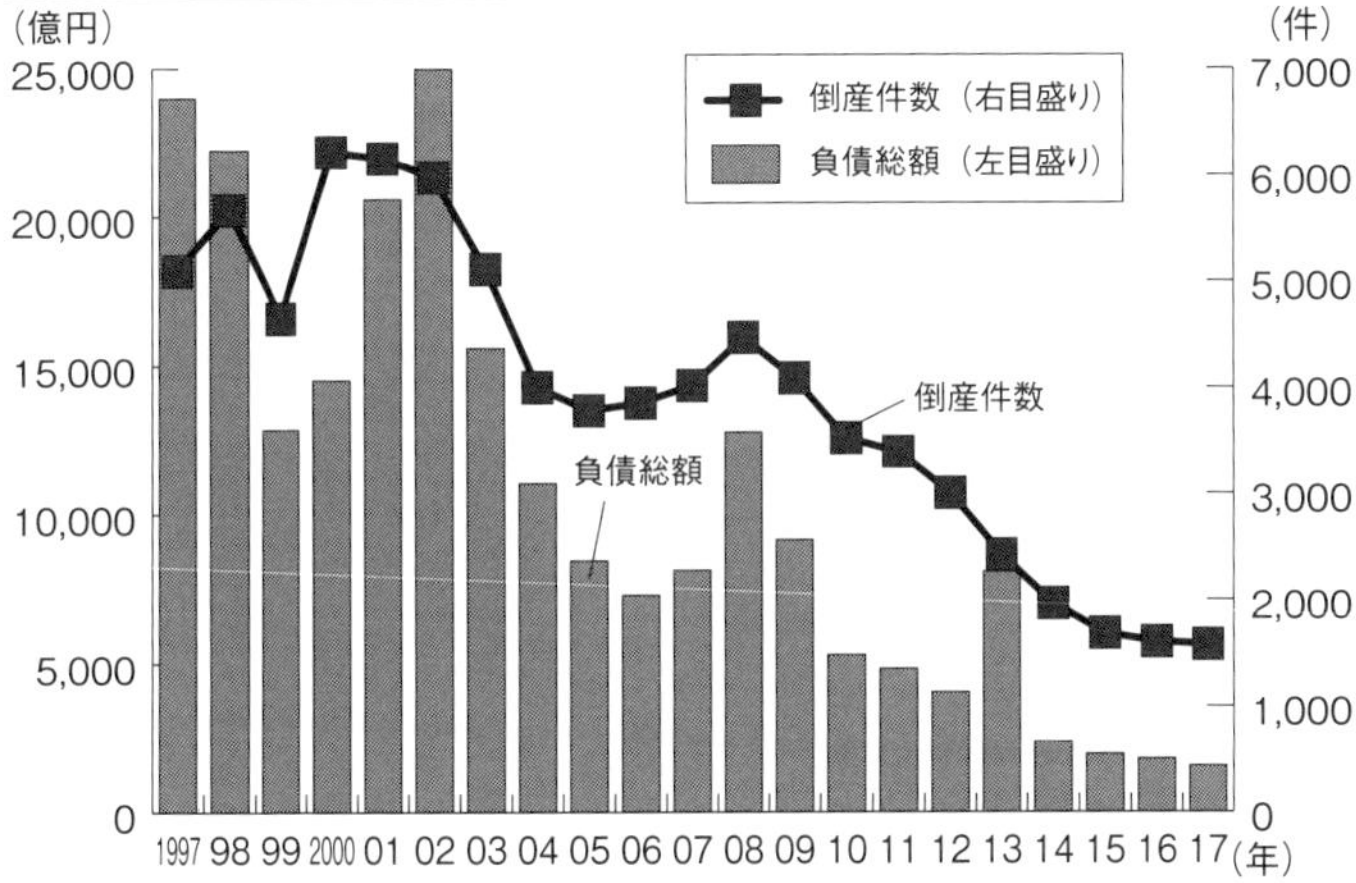

(注)負債総額1000万円以上、資料出所:東京商工リサーチ「倒産月報」
出典：一般社団法人日本建設業連合会「建設業ハンドブック2017」

だ。しかしながら、建設投資額（マーケット）が伸び悩む一方で、建設業の倒産件数は減少するとなれば、当然ながら受注競争が激しさを増すことになる。マーケットと事業者数のバランスが崩れると、とたんにコスト過当競争に陥るのも建設業の一つの特性である。すなわち、「ポスト２０２０」以降のマーケット縮小で、低収益・コスト過当競争に拍車がかかってしまうということだ。

ところで、筆者は準大手ゼネコンA社の経営者と話した際、こんなことを耳にした。

「これまで増収を毎期繰り返していましたが、赤字決算でした。売上げ至上主義で経営していたのです。そこで、受注案件の中身を見直し、利益の出る案件のみ受注することにしました。するど次の期から黒字に転換したのです。売上げを追わなければ、黒字に転換できるということなんですね」

また、中小建設業B社のトップは「当初、五〇〇億円の事業規模を維持しようと経営していましたが、現在は売上げの中身を見直し、一〇〇億円規模に受注案件を絞り込みました。その結果、売上高は縮小しましたが、経常利益額は五〇〇億円規模で経営していたころよりも多くなった。競争案件は狙わずに利益率の高い案件のみ受注する、徹底した利益マネジメントの推進をコンセプトに経営しています」とさらりと言っていた。

建設業に関わる企業は、「工事完成基準（工事の完成引き渡し完了時点で売上げ計上する会計基準）」で業績を管理している企業が多く、損益よりもキャッシュフロー重視の経営を推進している企業が圧倒的だ。したがって、「わが社は損益をあまり見ていないし、重視もしていない」と言う建設関連企業の経営者が少なくない。確かに、建設業は案件を受注すると人工代や材料代、外注費など前払い金（運転資金）が発生する一方、受注売上金は完成引き渡し時に一括で回収することが一般的なため、キャッシュフローが最も大切となる。キャッシュフローをしっかり押さえることが中堅・中小建設業の経営者にとって大きな役割といえる。しかし、キャッシュフローを改善するためには、収益性を改善することが必須条件である。

それでは、なぜ建設業がコスト過当競争に陥ってしまうのか。これは、建設業の特性の裏返しといえる。具体的には、営業担当者がよく口にする「わが社は何でもできます。この物件、ぜひ、お任せください」という売り文句である。なぜなら〝何でもできる〟は、多くの建設企業が言う売り文句だからである。他社と同じように何でもできます・やりますと言ったところで、売り込まれた側からすれば真の強みが見えにくく、他社との違いが分からない。これでは〝何もできない〟と言う会社と何ら変わらず、ライバルとの差別化は難しい。しかも建設投資額は中長期的に縮小方向へ向かう。そうした市場環境においてライバルとの違いを出そうとすれば、結局、低コストで勝負するしかなくなってしまうのだ。

ある総合建設業C社の社長は「『○○のことならC社』と特命受注できるようにならなければいけない」と常に社内で発信している。結果的にC社は業界でブランディングに成功し、特命受注することで収益モデル改革を現実のものとしている。特命受注物件は、通常の粗利益率と比較すると三、四％の収益向上が実現している。

収益体質の強化においては、内部努力も欠かせない項目である。Q（施工品質）、C（コスト）、D（工期）の強化によりムリ・ムダ・ムラを排除することは必須条件となる。建設コストをフローに沿って一度洗い出し、どこにネック工程があるかを徹底的に吟味していただきたい。おそらく、各工程でバッファー（余力）を見ていることに気付かれると思う。まさに〝サバ読み〟状態だ。

C社の社長は「設計、土木、建築、さらには協力会社と各フローの中で、工期さらには予算をサバ読みしているため、倍々ゲームで工期が延びたり余分な原価が上乗せされたりしているのが実態」と言う。工期が延びるということは、経費が余剰にかかることにも結び付く。ただし工期については、一部の工程のみ短縮や適正化を実施しても、効果は発揮されない。一部の工程が短縮されても、結果的に手待ちが発生し、全体として工期短縮に結び付かない。建設市場が順調なうちに、適正工期・適正原価を推進することで、強い企業体質をつくり上げていただきたい。

コスト過当競争から脱皮するためのポイントをまとめると、

①特命受注でコスト競争にならないソリューションを展開する
②来期につながる繰越案件（受注残）を八〇％以上持つ
③内部の徹底的なコストダウンで強い収益体質をつくる（経常利益率七％以上）

——という三点を徹底する必要がある。これらが実施できていれば、仮に、市場が縮小したとしても、赤字に陥る可能性は低くなる。この三点が実施できているかどうかの再点検が、今求められている。

下請け低収益体質

前述の通り、大手を中心に建設業の業績は好調な推移を見せている。それに伴って、生産性も向上している。帝国データバンクの調査（「全国企業の財務分析」）によると、建設業の二〇一六年度の一人当たり経常利益は約一三七万円（前年度比六・八四％増）だった。これはリーマン・ショック前の二〇〇七年度（約四九万円）に比べ約三倍（二・七九倍）の規模であり、建設業の生産性が大幅に改善していることが分かる。

では、収益性についてはどうなのだろうか。同じく帝国データバンクの調査から収益性指標である「売上高経常利益率」を見ると、建設業は二・三二％。こちらも、近年は顕著な改善傾向を見せており、小売業（一・六九％）や卸売業（一・八一％）の水準を上回っている。しかし、製造業（三・五八％）とは依然開きが大きく、全産業平均（二・七二％）を下回る低い水準である【図表1-5】。

建設業の経常利益率は、これでもかなり改善している。過去の経常利益率の推移をたどると、リーマン・ショックが起きた二〇〇八年度から二〇一一年度まで四年連続のマイナスだったのである。つまり、近年の収益改善は東日本大震災の復旧・復興支援事業や東京オリンピック・

図表1-5　売上高経常利益率（業種別）の推移（単位:%）

年度・業種	全産業	建設業	製造業	卸売業	小売業	運輸・通信業
2007	1.35	0.21	2.82	1.41	1.04	1.88
2008	0.39	▲0.75	1.57	1.08	0.90	1.10
2009	▲0.63	▲1.88	▲0.38	0.94	1.03	1.24
2010	0.02	▲1.59	1.55	0.93	1.09	1.47
2011	0.81	▲0.52	2.07	1.21	1.33	1.33
2012	1.50	0.60	2.44	1.47	1.48	1.50
2013	1.98	1.36	2.69	1.59	1.41	1.70
2014	2.60	2.40	3.25	1.74	1.54	2.21
2015	2.57	2.24	3.29	1.66	1.70	2.91
2016	2.72	2.32	3.58	1.81	1.69	2.96

出典：帝国データバンク「全国企業の財務分析（2016年度）」より作成

パラリンピック関連需要、さらに企業の業績好調を背景とした設備投資の増加などが主な要因だ。いわば、たまたま訪れた環境変化の波に乗っただけの〝成り行き改善〟といえなくもない。

　また、企業規模による収益格差も大きい。建設業の経常利益率（二〇一六年度）を総資産規模別に見ると、総資産一億円未満の中小・零細企業は二年連続減の〇・九七％と、一％台を割り込んだ。それに対して、他の区分（一億～一〇億円未満、一〇億～一〇〇億円未満、一〇〇億円以上）は四～七年連続で上昇している。建設業界は収益が改善傾向にあるといっても、その恩恵は大手・中堅企業が受け、大多数の中小・零細企業に行きわたっていないことがうかがえる。

　企業規模が小さくなるほど低収益に陥るというのは、どの産業でも見られる現象であるが、特に建設業において顕著である。その大きな要因と考えられているのが、スーパーゼネコンを頂点としたピラミッド構造、いわゆる「重層下請け構造」である。建設業では、発注者から受注した元請け企業が工事全体を管理・監督する一方、基礎工事や内装、外構工事など工種ごとに専門の協力会社（一次下請け、二次下請け）へ外注し、場合によってはその下に三次、四次、五次下請けが連なるという重層下請け構造が存在する。一次下請けは技能労働者を直接雇用しないことが多く、実際の施工は二次以降の下請け企業が行う。こうした分業制は、それぞれのパートごとに専門性を発揮でき、高度化が進む工事内容に対応しやすいという合理的なメリットもある。しかし、仕事量が十分にあるときはそうしたメリットが発揮されるものの、仕事量が減ってくると、分業しているがゆえに、下請けの階層が深くなるほど対価が減少していく。

こうした構造は、収益性だけでなく施工管理や品質、効率面でも悪影響や弊害を生じさせることが多い。例えば、二〇一五年に発覚した「横浜市マンション杭打ちデータ偽装事件」が代表的なトラブルである。これは、杭打ち施工において虚偽のデータに基づいた工事が行われたため、複数の杭が地中の強固な地盤に届かず建物が傾いてしまった不祥事だが、ずさんな施工管理もさることながら、そもそもの原因は一次・二次下請け企業への丸投げであった。

また、多重分業構造は建設業のＩＣＴ（情報通信技術）化を遅らせる大きな要因の一つにもなっている。例えば、元請けの一社が工期短縮を目的にＩＣＴを活用して効率化を図ろうとしても、ほかの下請け企業がそれに合わせてＩＣＴを導入しなければ、全体の工期は短縮できない。

このような状況を突破していく上で必要なキーワードは、「脱下請け」しかない。脱下請けを実現するためには、受注工事以外でどのように安定した売上げを組み立てるかを考えなければならない。例えば、建設のサービス化（ＰＦＩ事業やコンセッション事業など）やストックマーケット（老朽インフラや既存建物の改修・修繕工事）へのアプローチなどによって、「売上げのベース化」（継続・安定的に得られる売上高の確保）が可能となる。

加速化する人材不足

企業倒産が低水準で推移する一方、建設業における人材不足が深刻化している。日本商工会議所の調査（二〇一七年七月）によると、「人員が不足している」と回答した建設企業の割合は六割超（六七・七％）に達し、「宿泊・飲食業」「運輸業」「介護・看護」に次いで人手不足感が強い（【図表1－6】）。いくら成長戦略を組み立てても、それを推進する人材がいなければ実行できない。そのため、人手不足が原因で経営破綻する建設企業も多い。東京商工リサーチが集計している「人手不足」関連倒産件数（年間）を産業別に見ると、「建設業」は全産業の中で最も多い（【図表1－7】）。

図表1-6　「人員が不足している」と回答した業種の割合（n=1,682）

宿泊・飲食業	83.8%
運輸業	74.1%
介護・看護	70.0%
建設業	67.7%
その他サービス	64.1%
情報通信・情報サービス	62.3%
卸売・小売業	56.6%
製造業	55.3%
金融・保険・不動産業	50.0%
その他	46.0%
無回答	48.3%

出典：日本商工会議所「『人手不足等への対応に関する調査』集計結果」（2017年7月3日）

図表1-7　「人手不足」関連倒産　産業別件数推移（単位:件）

年（1-12月）	2013	2014	2015	2016	2017
農・林・漁・鉱業	5	4	6	2	4
建設業	91	95	89	76	79
製造業	32	52	47	52	42
卸売業	36	44	52	51	39
小売業	33	27	38	33	26
金融・保険業	0	0	0	0	2
不動産業	13	11	13	16	11
運輸業	10	19	18	12	23
情報通信業	8	10	16	17	15
サービス業他	43	61	61	67	76
合計	271	323	340	326	317

出典：東京商工リサーチ「『人手不足』関連倒産調査結果」（2018年1月16日）

図表1-8　建設業就業者数の推移（年平均値）

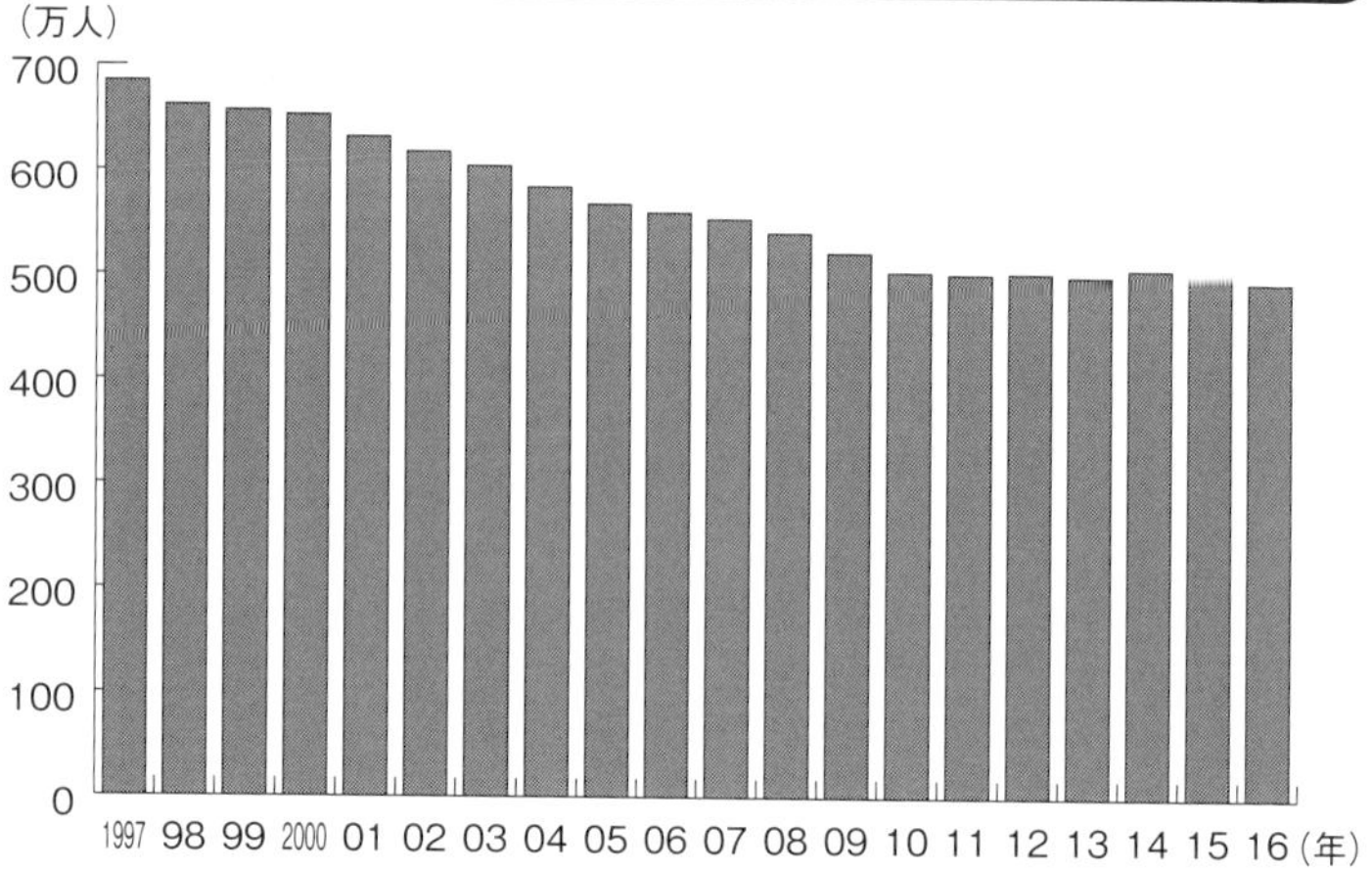

※2011年は東日本大震災の影響に伴う推計値

出典：厚生労働省「労働力調査」

厚生労働省の「労働力調査」から、過去二〇年間の建設業就業者数の推移を見ると、一九九七年（六八五万人）をピークに減少が続き、二〇一六年は四九五万人とピーク時の七割程度に減少している（**【図表1-8】**）。そのうち建設工事の作業を直接行う建設技能労働者数は三三一万人で、ピーク時に比べ二八・四％減少している。

これは前項（縮小する建設マーケット）でも触れたが、建設投資市場はかつての八〇兆円時代から五〇兆円へと約四〇％も縮小したことで、多くの人材が建設業界から離れてしまった代償ともいえる。

建設業界においても、担い手の確保・育成は喫緊の課題である。問題は、景気が回復しているにもかかわらず、減少傾向に歯止めがかからないという点だ。なぜ、このような状況に陥ってしまったのか。現状の課題を整理すると、次の三点に絞ることができる。

まず一点目は、皮肉にも景気回復を背景とした人材採用難だ。現在、建設業関連職種の有効求人倍率（新卒・パートを除く）を見ると、職種によってばらつきが見られるものの、総じて全職種平均を上回る水準で高止まりしており、大半の建設企業が人材採用に苦しんでいる。特に目立つのが、「建設躯体工事」と「建築・土木・測量技術者」である。一人の求職者を五～六社で取り合うという熾烈な獲得競争率となっている（【図表1－9】）。

二点目が、若年入職者の減少である。人材の採用難もさることながら、そもそも次代の担い手である若年層が建設業を志さなくなっている。新規学卒者の建設業への入職者数の推移を見ると、一九九五年の七・八万人をピークに減少傾向が続き、二〇〇九年の二・九万人を底に増加へ転じている。とはいえ、二〇一六年時点の入職者数（三・九万人）はピーク時の半分程度にすぎない。全産業入職者数（新規学卒者のみ、以下同）に占める建設業入職者数の割合は、一九九六年には八・四％と一割近かったが、二〇一六年は五％台へと低下しており、近年は建設業が新卒者から避けられつつあることが分かる（【図表1－10】）。

新卒者の入職者数が減っている背景には、もちろん少子化の影響もあるが、もう一つの大きな要因は、建設業界のイメージとして定着している「３Ｋ（きつい・汚い・危険）」の問題がある。事実、建設業の労働環境をほかの産業と見比べてみると、賃金総支給額（男性労働者）、一

図表1-9　全職業と建設業関連職種の有効求人倍率推移

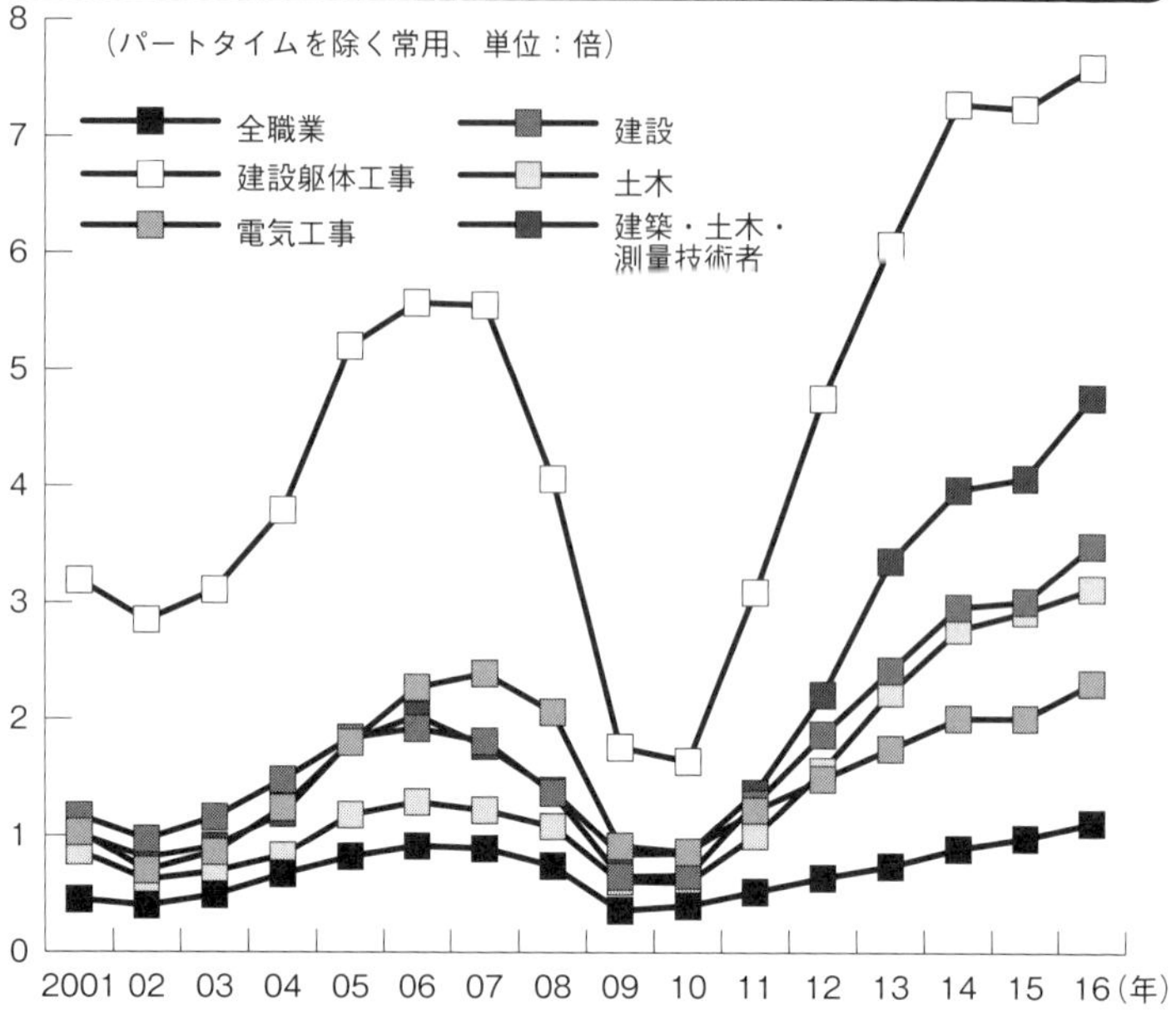

出典：厚生労働省「一般職業紹介状況(職業安定業務統計)」

図表1-10　新規学卒者の入職状況

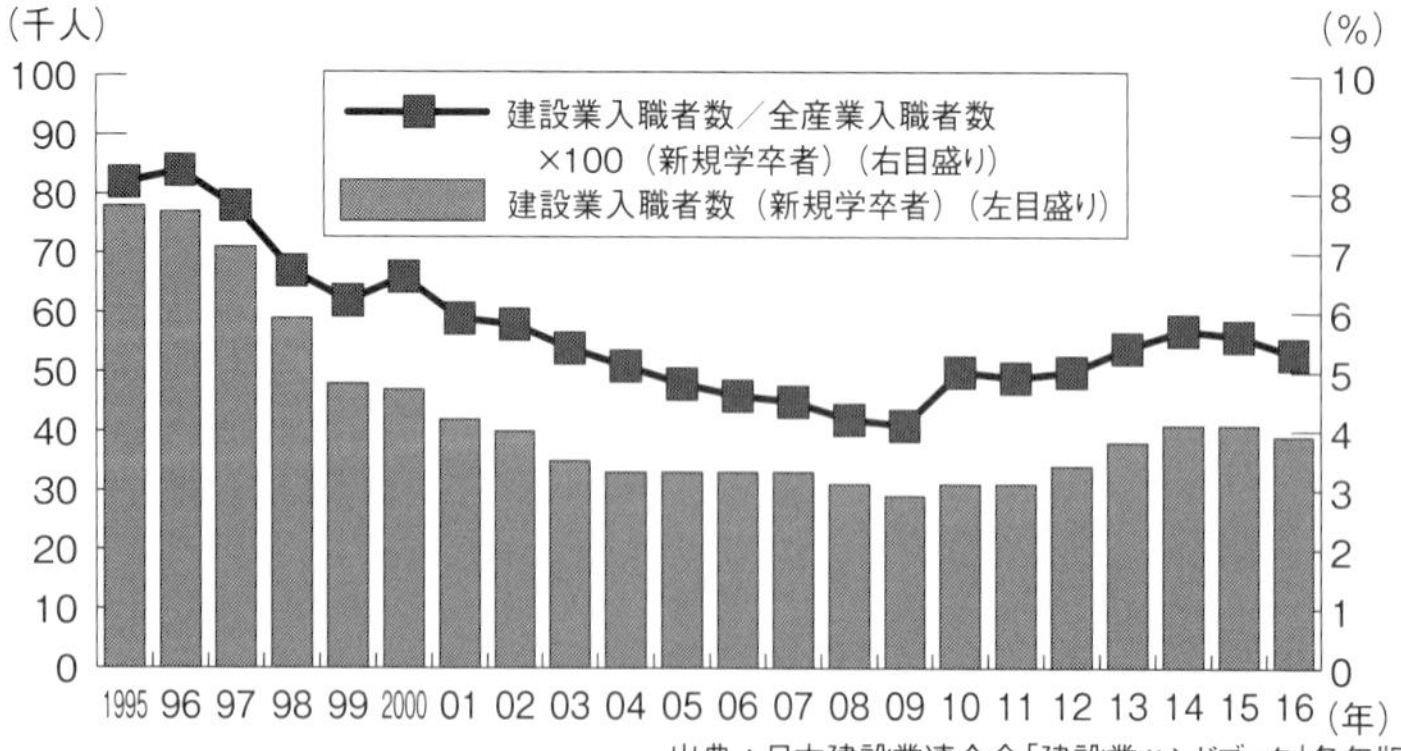

出典：日本建設業連合会「建設業ハンドブック」各年版

図表1-11　建設業の労働環境比較（2016年）

年間賃金総支給額（男性労働者）	建設業：417.7万円	全産業：549.3万円
労働者１人当たり年間労働時間	建設業：2111時間	全産業：2024時間
完全週休２日制の導入状況	建設業：27.4%	全産業：49.0%
労働者１人平均年次有給休暇取得率	建設業：38.2%	全産業：48.7%
死亡災害発生人数	建設業：294人（1位）	製造業：177人（2位）

出典：厚生労働省「毎月勤労統計調査」「賃金構造基本統計調査」「就労条件総合調査」「労働災害発生状況」

人当たり年間労働時間、完全週休二日制の導入状況、一人平均年次有給休暇取得率など、いずれも全産業平均より低い水準にとどまっており、死亡災害発生人数に至っては全産業中トップである（【図表1-11】）。「働き方改革」が叫ばれる中、働きやすい職場づくりに向けてあらゆる企業が取り組みを進めているだけに、こうした建設業の労働環境が悪い意味で目立ってしまうのは事実である。建設業界はきつい・汚い・危険という暗い3Kを払拭し、「給料が多い・休日が多い・希望が持てる」という〝明るい3K〟の実現を急がなければならない。

現在、建設各社では働き方改革が進められているが、その代表的な取り組みが、「4週8休」の実現である。しかし、実態は、やっと動き始めた状況だ。ある中小建設業D社の社長は、「理屈は分かるが、実際に現場は日曜、祝日も動いており、現実として不可能」と語る。ただ、別の中小建設業E社の社長は「まず4週6休を実現し、残りの各週の土曜出勤日は社

図表1-12　建設業就業者の高齢化の進行

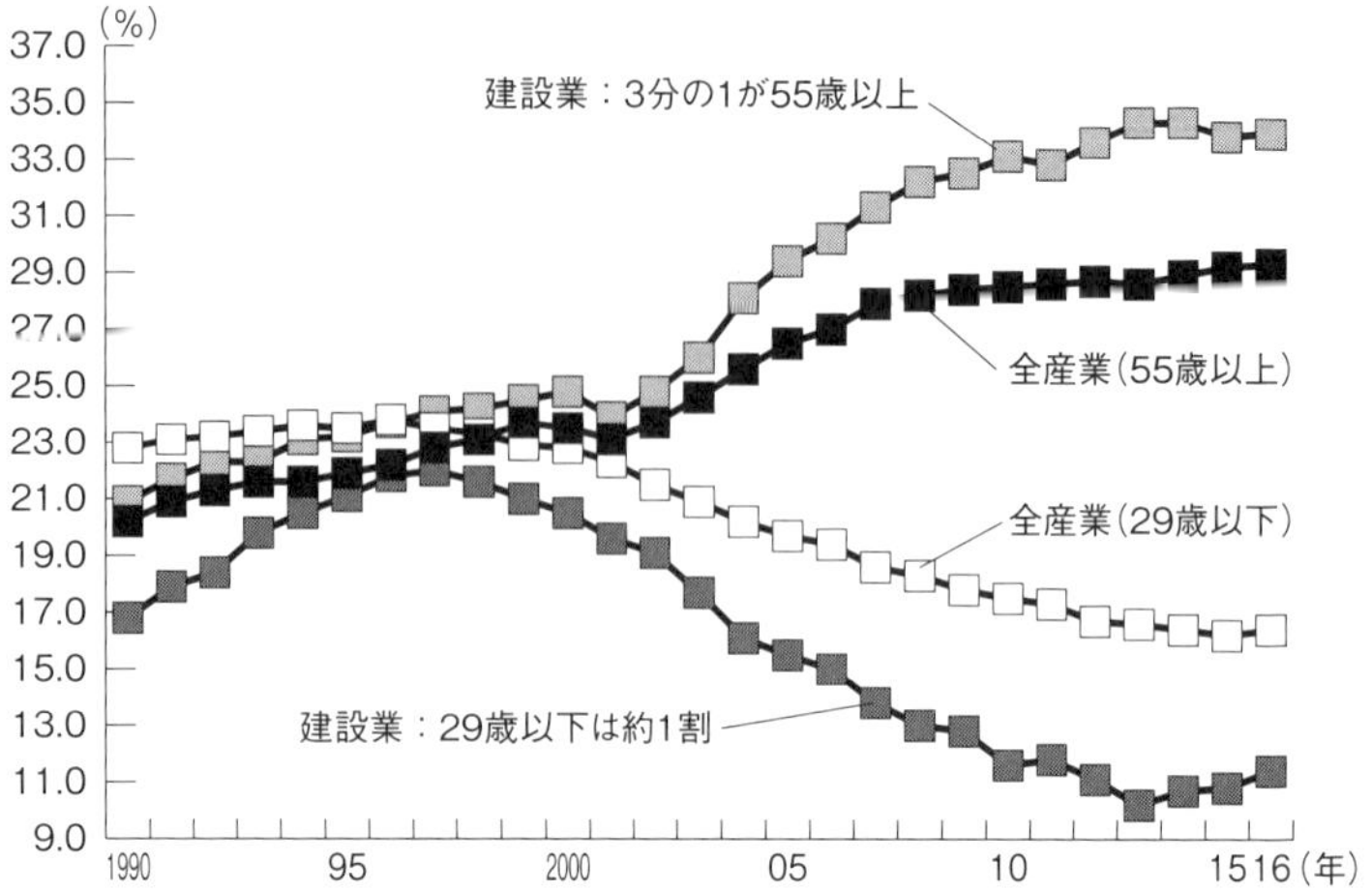

出典：日本建設業連合会「建設業ハンドブック2017」

員教育を実施する時間として活用している」と言う。

いずれにせよ、前述した重層下請け構造によって、技能労働者の育成・確保が下請け企業に任せきりになっており、賃金低下や長時間労働、休日の少なさといった労働環境の改善が進んでいない。このことが、結果的に若年層の入職者の減少を招いてしまっているといえる。当然ながら、各社の事業特性によって事情は異なるが、何が阻害要因になっているかをしっかりと把握した上で、建設業界のイメージアップのためにも働き方改革を進めていただきたい。

そして最後の三点目が、高齢化問題である。国土交通省の統計データによると、建設業就業者数のうち「五五歳以上」が約三四％を占めているのに対し、「二九歳以下」は約一一％にすぎ

図表1-13　建設市場の見通し（2025年時点）と世代交代目標

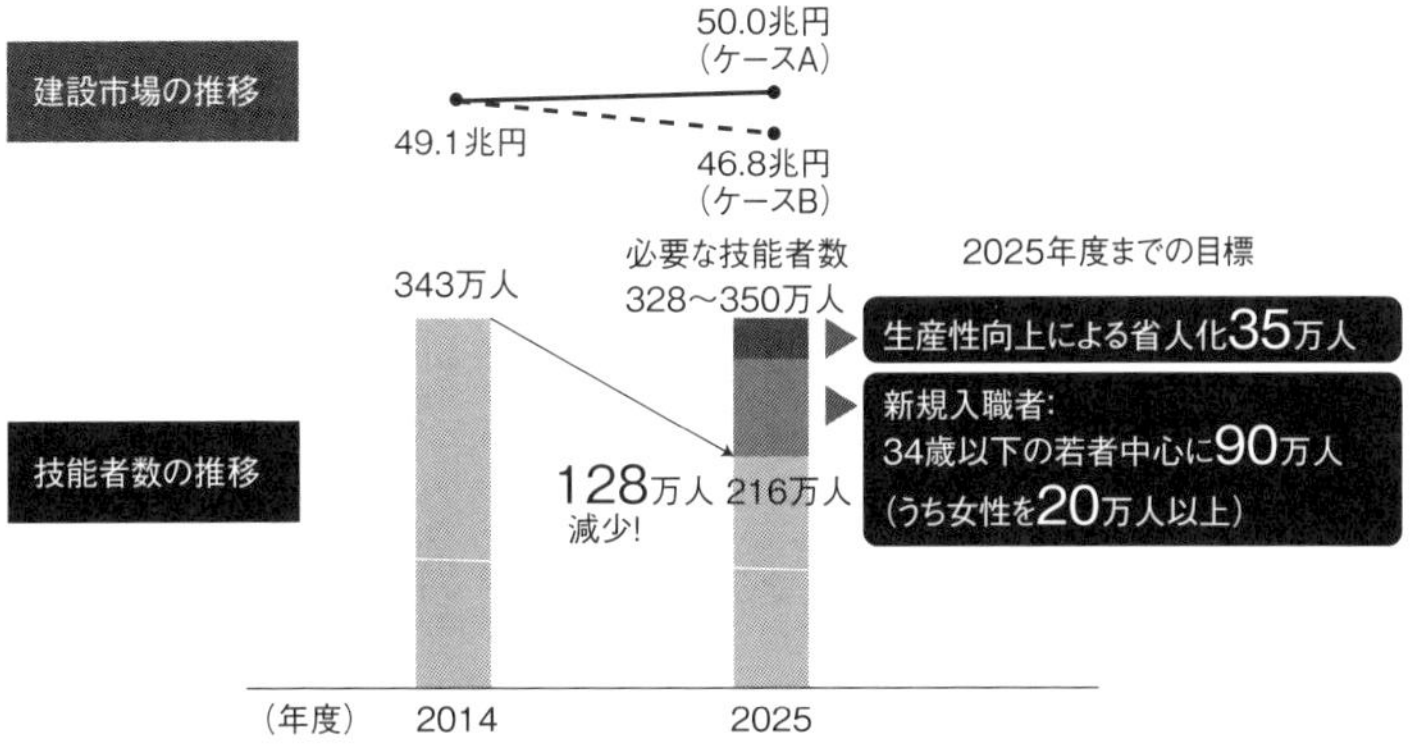

※建設市場は、国土交通省が発表している建設投資に民間建築分野の維持修繕分を加えて推計（実質値）
※ケースAはアベノミクスの経済対策による成果が着実に出た場合、ケースBは経済が足元の潜在成長率並に推移した場合

出典：日本建設業連合会「再生と進化に向けて建設業の長期ビジョン」

ず、ほかの産業を上回るハイペースで高齢化が進行している（【図表1-12】）。

建設業の生産体制を将来にわたって維持していくためには、若年者の入職促進と定着による円滑な世代交代が不可欠だが、その担い手が不足しているという問題である。

日本は今後、人口減少と少子高齢化が進展する。それに伴い、将来的に生産年齢人口（一五〜六四歳）が減少していくことは確実である。若年入職者が減る一方で、就業者数のボリュームが大きい「団塊の世代」を中心に高齢者が順次退職していくため、年を経るごとに減少していくことになる。特に、建設工事の直接的な作業を行う「技能労働者」の高齢化は深刻で、「今後一〇年以内に一〇〇万人規模の大量退職時代が確実に到来する」（日本建設業連合会労働委員会「『技能労働者不足』に対する考え方」二〇一六年一〇月）といわれている。

日本建設業連合会（日建連）の推計によれば、建設市場が現在と同規模で推移するとの見通しに基づき、生産性向上による三五万人の省人化を前提にすると、二〇二五年時点で三二八万～三五〇万人の技能者数が必要となる。しかし、技能労働者は団塊の世代の大量離職などにより、三四三万人（二〇一四年）から二一六万人（二〇二五年）へと約一二八万人減少することが見込まれるという。このため日建連では、三四歳以下の若年層を中心に九〇万人の新規入職者（うち二〇万人は女性）を確保することが必要だと指摘している（**【図表1－13】**）。

建設業は、人材の採用難と新卒入職者の減少によって高齢化が進み、次代の人材不足を加速させるという状況を迎えており、まさに氷河期の真っただ中にいる業界といえる。このように考えると、建設業における人材不足は一過性の現象ではなく、根の深い切実なテーマだ。このような状況を解決するためには、次の四点を実施する必要がある。

一点目は、「採用方法の見直し」（特に新卒採用）である。休日や給与など雇用条件もさることながら、「この会社に入ってどのように自分自身を磨くことができるか」「この会社は今後、成長する可能性が高いか」などを就活生たちは見ている。そのためにも、企業として最低限の育成システムを整えるとともに、事業としての存在意義と成長目標（企業理念や中期ビジョンなど）を明確にしておかなければならない。さらには、会社説明会の段階から一次、二次と面談する中で理解を深めてもらい、志を共有することが欠かせない。

二点目は、「人材の早期育成」である。従来のような〝オレ（先輩・上司）の背中を見て覚えろ〟式の徒弟制教育は今の若者に通用しない。とはいえ、建設現場は極めて多忙であり、手取り足取り教える暇もないというのが実態である。せっかく、苦労して採用にこぎつけても、すぐに現場で活躍できるような育成システムがないと、新卒入職者は「誰も真剣に教えてくれない」「早く一人前になりたいのに何も指導してくれない」と失望し、すぐに辞めてしまう。早期戦力化に向けた「教える仕組み」「学ぶ仕組み」が大切になる。その仕組みが機能すると多能工化も進み、仕事をシェアして生産性向上につながっていく。

三点目は、「女性活躍」である。二〇一六年に施行した「女性活躍推進法（女性の職業生活における活躍の推進に関する法律）」のもと、建設業においては官民を挙げて積極的に取り組みが行われている。女性が活躍している企業は、成長企業である場合が多い。多くの中堅・中小建設業を訪問している筆者の目から見ても、社業が活気にあふれている先進的な企業はたいてい、女性が活躍している。

そして最後の四点目が、「i-Construction（アイ・コンストラクション）」である。これは国交省が進めているもので、建設現場で「ＩＣＴの全面的な活用（ＩＣＴ土工）」を進めることによって、建設生産システム全体の生産性向上を図り、魅力ある建設現場を目指す取り組みである。

ＩｏＴ（モノのインターネット）・ＡＩ（人工知能）などの革新的な技術の現場導入や、三次元データの活用などを進めることで、生産性を上げて人手不足をカバーするということだ。

若者に魅力のある建設業を目指すため、処遇改善に加えて、理念浸透、育成対策、全員活躍、業務革新を図り、将来の担い手確保に強い決意で臨んでいただきたい。

深刻化する後継者難

前述した通り、「人材不足」関連の倒産件数が最も多いのは建設業である。が、実は「休廃業・解散」件数も建設業は最多である。帝国データバンクの調べによると、建設業の休廃業・解散件数は七八七七件（二〇一七年）【図表1‐14】。同年内に発生した建設業倒産件数（一五七九件）の約五倍に上る。しかも例年、トップを独走し、ほかの業種に比べてダントツである。

また、同年における建設業の後継者不在率は七一・二％と、サービス業（七一・八％）に次ぐ高さだ（【図表1‐15】）。

同社の「全国社長分析」（二〇一七年）から、建設業の社長年齢を年代別に見ると、「六〇代以上」の占める割合が四八・七％に達している。つまり、建設企業の約半数が、数年内にも事業承継のタイミングを迎えることになる。「中小企業経営者の二人に一人が自分の代で廃業を予定

図表1-14　業種別の休廃業・解散件数の推移

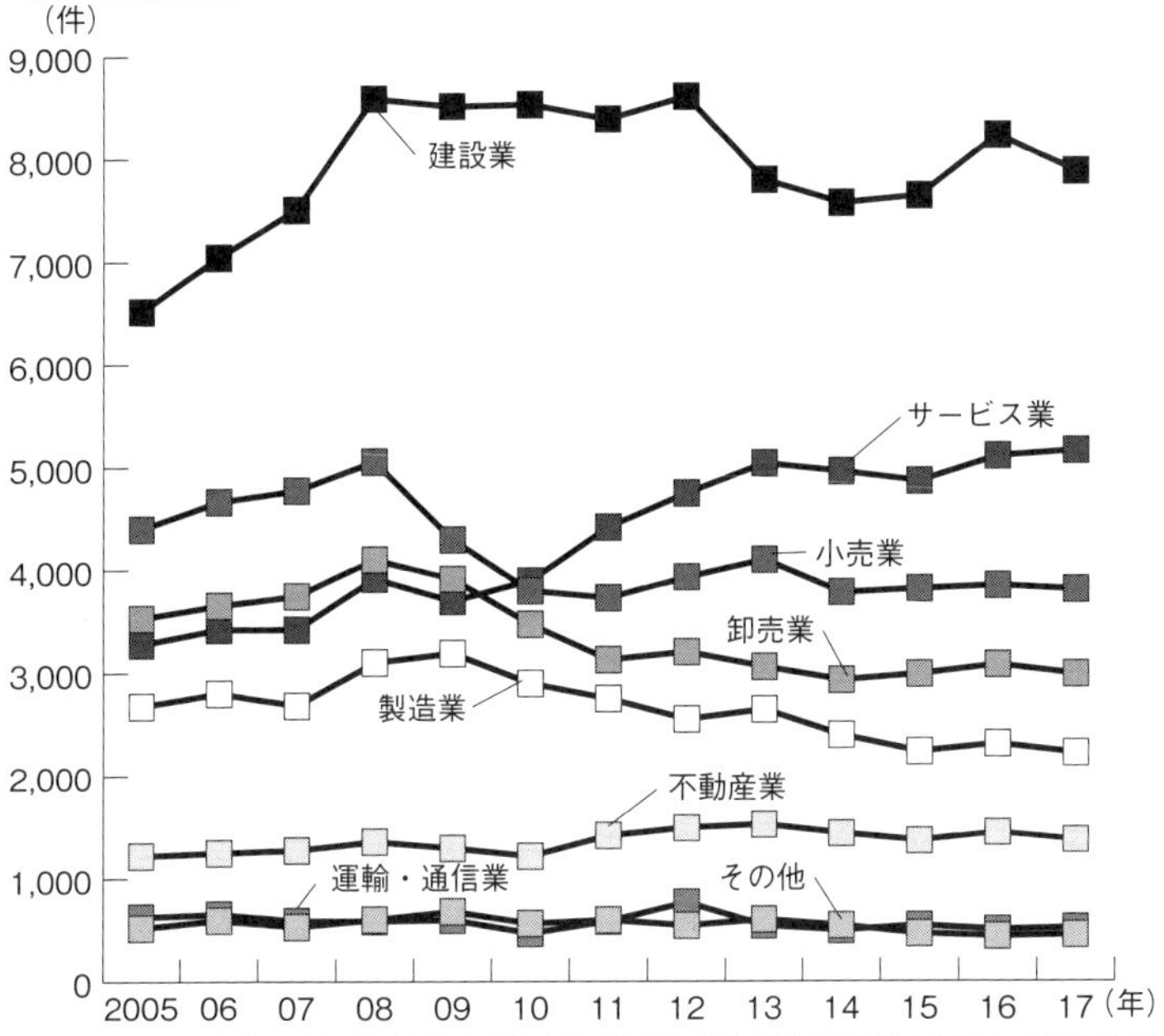

出典：帝国データバンク「第10回:全国『休廃業・解散』動向調査」（2018年1月31日）

図表1-15　業種別後継者不在率

業種別	**2017年**	2016年	2014年	2011年
建設業	**71.2%**	70.9%	70.0%	69.6%
製造業	**59.0%**	58.7%	58.6%	58.6%
卸売業	**64.9%**	64.9%	64.3%	64.3%
小売業	**67.4%**	66.7%	66.1%	65.8%
運輸・通信業	**64.0%**	64.2%	63.5%	63.7%
サービス業	**71.8%**	71.3%	70.4%	72.1%
不動産業	**69.0%**	68.9%	67.8%	68.0%
その他	**55.4%**	54.4%	52.7%	55.5%
計	**66.5%**	66.1%	65.4%	65.9%

出典：帝国データバンク「2017年 後継者問題に関する企業の実態調査」（2017年11月28日）

している」というデータもあるだけに（日本政策金融公庫総合研究所「中小企業の事業承継に関するインターネット調査」二〇一六年二月）、今後、後継者難を原因とする休廃業・解散件数が大きく増加する可能性も否定できない。

特に建設業の場合、従業員数が一桁台という小規模な企業は極めて多く、「自分の代で廃業せざるを得ない」との声もよく耳にする。非常に残念なことではあるが、「自分のやっている仕事を子どもにさせたくない」「息子（娘）が別の仕事で生計を立てており、いまさら後継を頼めない」などが主な理由である。

また、後継者を確保している建設企業とて安心はできない。自社の協力会社の中に、そうした廃業予備軍が多いと、仕事を受注しても将来的に委託先が先細りになり、たとえ自社の事業承継を成功させても、事業存続が厳しくなる。仕事を委託している側においても、後継者不在に直面する協力会社へどのような支援ができるかを検討して、互いに共存できる道を模索する必要がある。

筆者は中小建設企業の事業承継に関する相談をよく受ける。例えば、F社の社長からこんな話を聞いた。「子どもは二人いて、姉弟である。共に会社を受け継ぐ気がまったくない。私の希望としては、どちらかの孫が会社を継いでくれることだ」。だが、血のつながった孫とはいえ〝他人〟である。無理に「社長を継いでくれ」「会社に入ってくれる相手と結婚してくれ」などと介入することはできない。このように「子どもが事業を継いでくれない（または継がせられない）」というパターンは、事業承継において非常に多いケースである。

事業承継では、まず「承継する相手がいる」というスタート地点に立てるかどうかである。オーナー企業の場合、これまで通りオーナー経営を継続するか、または経営権を譲る相手を従業員から選んで資本と経営を分離するか、もしくはM&A（合併・買収）を実行して社外へ引き継ぐか、という三つの選択肢から決めなければならない。

大きな方向性が決まれば、次に解決すべき課題は、後継者の育成（経営権を引き継ぐ「人の教育」）と、事業承継後の次世代経営メンバーの体制づくりだ。オーナー系の中堅建設企業G社は、子息への承継、つまりオーナー経営の継続をいったん選択したが、後継者の能力を考えた結果、やはり承継は難しいと断念した。たとえオーナーの親族に承継する人物がいたとしても、会社を経営する能力がなければ承継することはできない。

また、中堅・中小企業において陥りやすい課題が、次世代経営メンバーづくりである。後継者に事業を無事引き継いでも、後継者を支える経営幹部が高齢者ばかりで、後任者も育っていないというのでは、経営の先行きが危ぶまれる。後継者選びと併せて次世代の経営メンバーを選定し、育成していく必要がある。だが、大半の企業は、事業承継期を迎えているにもかかわらず、ほとんど準備できていないのが実情だ。

そしてもう一点、準備しなければならないのが、自社株式や事業用資産、債権・債務などの「資産」承継である。事業承継をスムーズに進めるためには、自社株式の取得に伴う相続税や贈与税の負担、経営権の分散リスク、承継後の資金繰りなど、さまざまな課題に対応していくことが求められる。また、経営理念や取引先との人脈、技術・技能といった知的資産の承継も、計画的かつ着実に進める必要がある。

ただし、そうはいっても、人材が豊富ではないというのが中小建設業の泣きどころである。何をするにしても、時間がかかってしまう。事業承継の準備には最低で五年、できれば一〇年をかけて後継体制を構築しなければならない。

また最近、建設業界において多く見られ始めているのが、社外への事業譲渡を含めたM&Aだ。例えば、ある地域で最大手の建設企業H社が、リフォームやリニューアルを事業展開している中小建設企業I社を買収した。I社は毎年、利益を計上しており、業績上は問題がなかった。ただ、社長の子息が他業界の企業に勤めており、会社を継ぐ可能性は低かった。そこでI社の社長は今後の将来を見据え、自主独立を堅持するより、地場で最大手のH社の傘下に入って事業を展開したほうが、企業として成長発展できると判断し、事業譲渡に踏み切ったという。

また、買収側のH社も、今後の成長が見込まれている「ストックマーケット」へのアプローチとして、リフォーム事業部門の従業員を含むノウハウを取得できるメリットがあることから、

I社の買収を決断した。

「後継者不在時代」という現状を受け、これから自社がどのような体制によって成長発展していくべきか。そうした未来の設計図を、今から中長期的視点で組み立てる必要がある。

第2章

市場縮小下における経営戦略

建設業のビジネスチャンス

第1章においては、統計データや各種資料などのエビデンス（客観的証拠）に基づき、日本の建設業を取り巻く経営環境と課題について述べた。厳しい現状をしっかりと認識してもらうため、まずはネガティブな面に焦点を絞ったが、建設業の未来は明るくないのかといえば、もちろんそうではない。

日本の建設業は世界に誇る優れた技術力を有し、さらには施工管理、安全管理、環境対策などにおいても、他国の追随を許さないノウハウを確立している。それは全国各地にある大型構造物を見れば一目瞭然である。例えば、海底トンネルとしては世界最長・最深の「青函トンネル」、世界最長の吊り橋「明石海峡大橋」、世界初の人工島海上空港「関西国際空港」、さらには超高層建築物における耐震・免震・制震技術などである。特に、トンネルや長大橋建設の技術水準の高さは世界的にも広く知られている。

その代表例の一つが、大成建設によるトルコの「ボスポラス海峡横断鉄道トンネル」である。世界有数の海流速、上下逆向きの二層流という複雑な海流により、海底トンネルなど「実現不可能」とまでいわれた難所・ボスポラス海峡において、高度な技術である沈埋工法による世界最深部での沈設に成功した。また、明石海峡大橋の建設では、潮流が速く、通過する台風も多く、大地震への耐震性も求められるという明石海峡ならではの厳しい条件をクリアするため、日本の橋梁技術の粋が集められた。この技術は海外においても、トルコの第二ボスポラス橋やイズミット湾横断橋の建設に生かされている。

こうした技術力を支えているのが研究費である。多くの大手建設企業は設計部門や研究開発部門を設けており、研究費を毎年度支出している。総務省統計局の「科学技術研究調査」によると、建設業における研究費の水準（対売上高研究費率〇・二八％）自体はほかの産業（同三・三三％／全産業平均）に比べて見劣りするものの、研究費の支出自体が世界的に見れば異例のことだ。欧米では建設関連の研究開発は主に大学や公共機関が行っており、民間企業はほぼ実施していない。この研究部門・施設と研究費への資本投下が、日本の建設技術を世界トップレベルに押し上げる原動力となっている。

筆者は、こうした技術力や開発力、また施工管理のノウハウといった強みを持つ日本の建設業が、今後において成長発展しないはずがないと考えている。ただ、持続的発展を実現するには、強みが発揮できる商機（ビジネスチャンス）をつかむ必要がある。次に、建設業がアプローチすべき主なビジネスチャンスを挙げる。

図表2-1　建設投資における維持・修繕額の中長期予測

建設投資（名目）		2020年度	2030年度
政府部門		5.4兆円～5.7兆円	5.7兆円～7.2兆円
民間部門		9.6兆円～9.9兆円	10.3兆円～11.5兆円
	民間住宅	3.1兆円	3.2兆円～3.5兆円
	民間非住宅建築	4.6兆円～4.7兆円	5.1兆円～5.3兆円
	民間土木	1.9兆円～2.1兆円	2.0兆円～2.7兆円
合　計		15.0兆円～15.6兆円	15.9兆円～18.6兆円

※四捨五入の関係上、合計と各項目の合算値が合わない場合がある。
出典：一般財団法人建設経済研究所「建設経済レポート『日本経済と公共投資』No.67（2016年10月）
－建設投資の中長期予測と対応を求められる建設産業の動向と課題－」

(1) ストックマーケット

今後の建設投資における傾向は、「フロー」（新築着工）マーケットから「ストック」（リニューアル・リフォーム）マーケットへ移行していくと予測できる。建設経済研究所の中長期予測（二〇一六年一〇月）によると、建設投資における維持・修繕額（名目）が、二〇二〇年度では一五・〇兆～一五・六兆円、二〇三〇年度は一五・九兆～一八・六兆円に上ると見られている（【図表2－1】）。

このように、ストックマーケットはこれからの成長戦略を描く上で欠かすことができない分野の一つといえる。特に注目されているのが、いわゆる「インフラ老朽化問題」である。高度経済成長期、とりわけ一九六四年の東京オリンピック前後に集中的に整備された社会資本ストック（全国の公共施設や上下水道、道路、橋梁など）が、今後二〇年の間に建設後五〇年以上を迎え、しかも一斉かつ加速度的に老朽化していく。これらの老朽インフラを維持管理・更新することが喫緊の課題となっている。

国土交通省の調べでは、二〇二三年には日本全国にある橋梁（橋長二メートル以上）の四三%、トンネルの三四%、港湾岸壁の約三二%が建設から五〇年が経過すると予測されている（**【図表2-2】**）。もちろん、一挙に更新するわけにもいかないため、すぐ対応する物件、先延ばしにする物件、撤去してしまう物件（公営住宅や教育関連施設、職員宿舎など、地方自治体が解体除去を望む施設は全国約一・二万件＝総務省調べ）に分け、それぞれ優先順位を付けて対処していくことになる。国交省の試算結果では、こうした老朽化インフラの維持管理・更新費は二〇一三年度の約三・六兆円から、一〇年後は四・三兆～五・一兆円、二〇年後には四・六兆～五・五兆円程度に上ると推定されている。

また、住宅・非住宅分野のリフォーム・リニューアル需要も今後、伸びていく見通しである。工事受注高（二〇一六年度）を見ると、前年度比三一・六%増の一五・七兆円と大幅な伸びを示している。内訳は、住宅が前年同期比約五%増、それに対し非住宅は同約二五%も増加している。特に非住宅では、店舗、倉庫流通施設、宿泊施設の順番でリニューアル受注高が増加している。中長期的には二〇一六年の住宅リフォーム・マーケットを六・二兆円とした場合、二〇

図表2-2　建設後50年以上経過する社会資本の割合

	2013年3月	2023年3月	2033年3月
道路橋 [約40万橋]	約18%	約43%	約67%
トンネル [約1万本]	約20%	約34%	約50%
河川管理施設（水門等） [約1万施設]	約25%	約43%	約64%
下水道管きょ [総延長：約45万km]	約2%	約9%	約24%
港湾岸壁 [約5千施設(水深－4.5m以深)]	約8%	約32%	約58%

出典：国土交通省

図表2-3　住宅リフォーム市場の市場規模予測

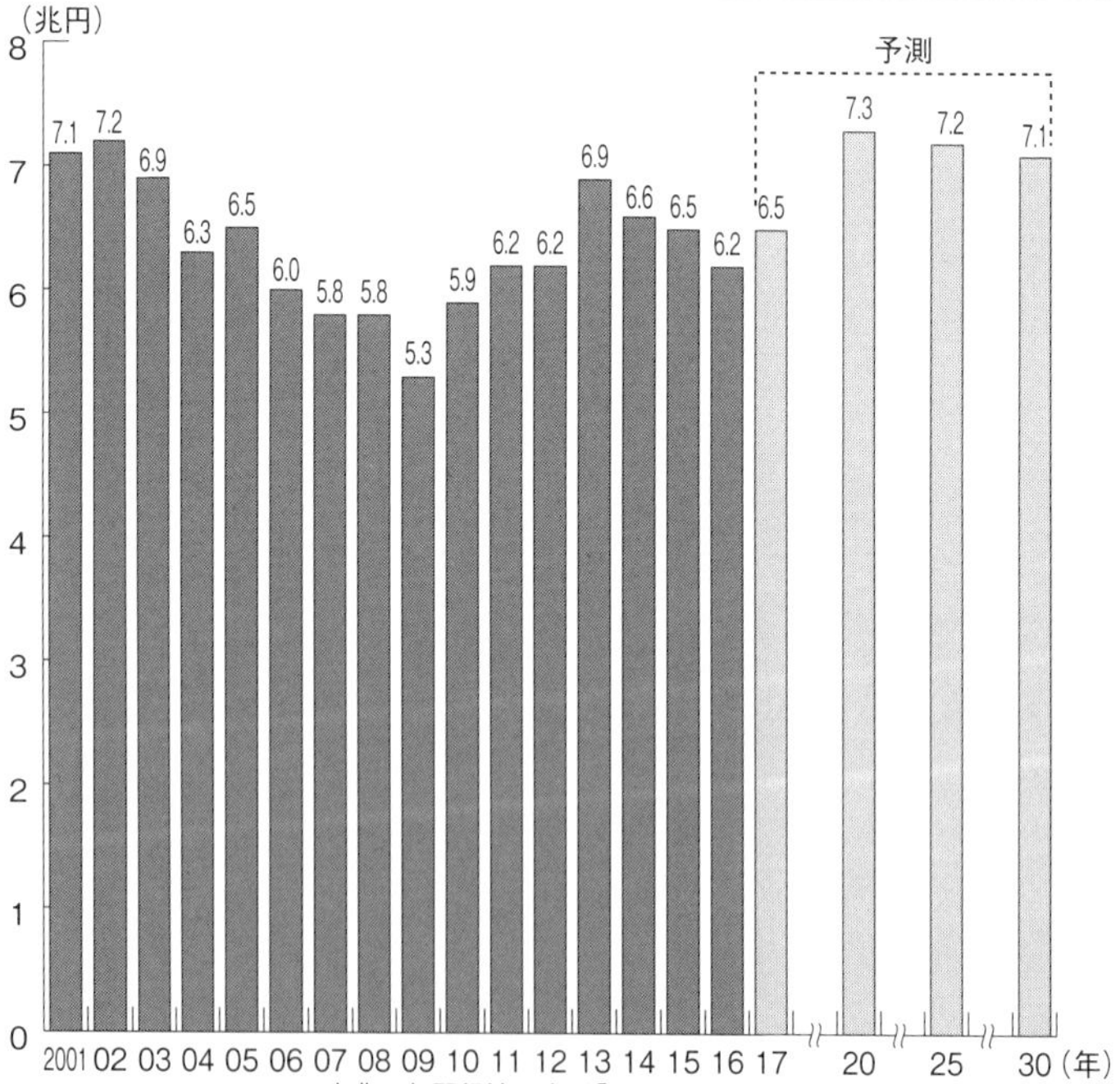

出典：矢野経済研究所「2017年版 住宅リフォーム市場の展望と戦略」

図表2-4　総住宅数・空き家数・空き家率の推移と予測

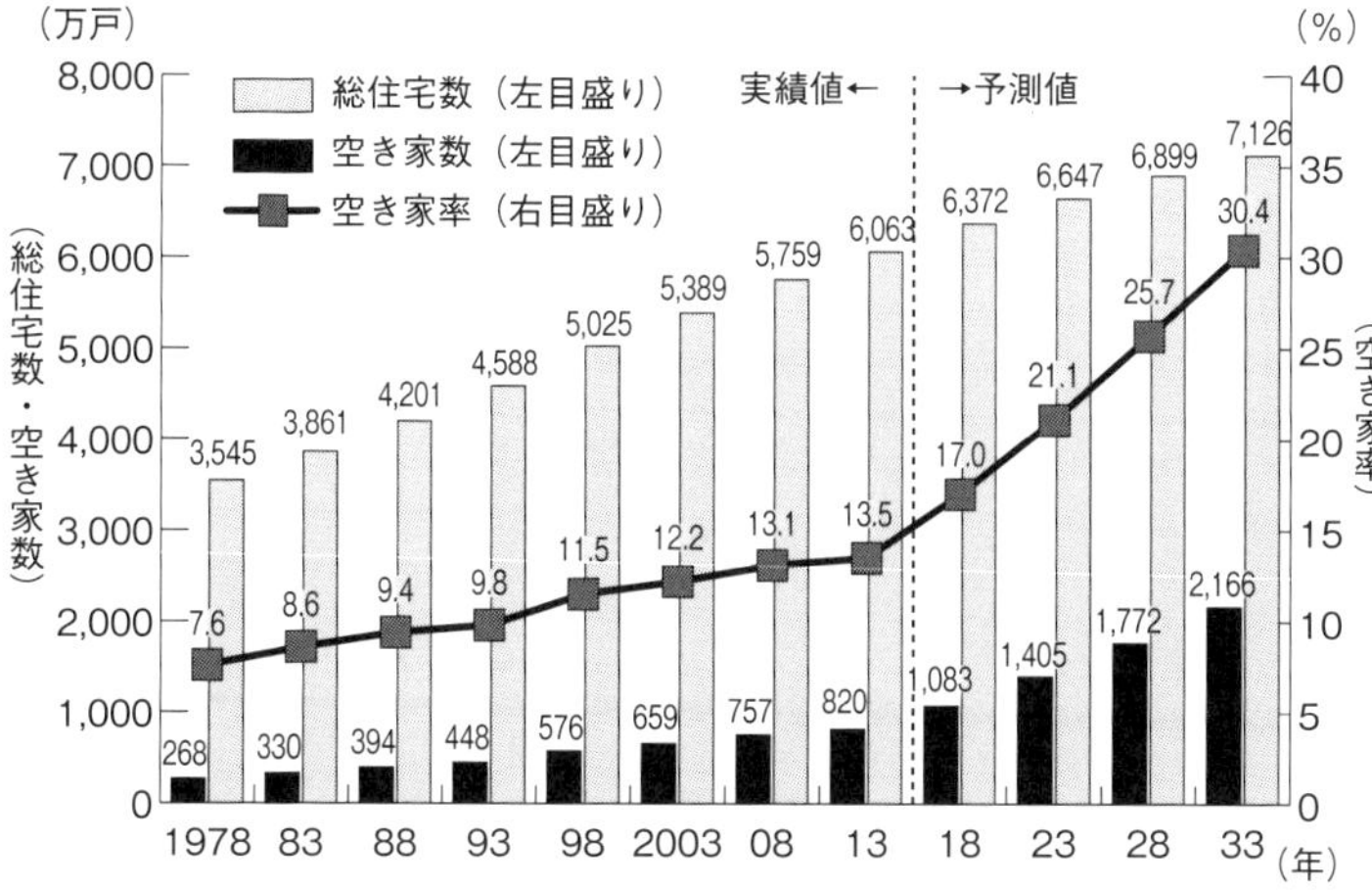

出典：野村総合研究所「2017年度版 2030年の住宅市場」

二〇〜三〇年は七兆円台で推移するとの予測もある（【図表2-3】）。

一方、新設住宅着工戸数は減少傾向が続いている。現在の新設住宅着工戸数（九六万戸）が二〇二五年には六〇万戸台まで減少する一方、世帯数減少と総住宅戸数増加に伴って、一五年後には空き家数が二一〇〇万戸を超え、さらに空き家率は三〇・四%になるという予測もある（【図表2-4】）。このような背景からも、リニューアル・リフォームは今後の成長戦略を組み立てる上で重要な要素といえる。

とはいえ、自社のリニューアルもしくはリフォームの売上げは、五年前と比較してどれだけ伸びただろうか。伸び悩んでいる企業が意外に多いのではないかと思う。

中堅ハウスメーカーJ社の社長は「これまで、

拠点別組織（本社、支店、出張所などの拠点を中心とする組織）で事業を推進してきたが、リフォーム・リニューアルの売上げを伸ばすことがまったくできなかった。だが、リフォーム事業部、一戸建て事業部など事業部制組織に変更した結果、リフォーム事業を拡大することができた」と話していた。また、大手設計業K社の副社長は「リニューアル・マーケットの重要性や、今後伸ばしていく必要があることは、役員陣を含めて全従業員が理解できている。しかしリニューアルに関する設計を今の組織の中で伸ばすことは不可能に近い。本当に、リニューアル市場を伸ばしていくためには、別会社にしない限りは難しい」と述べた。

つまり、何千万円という売上げがある新築一戸建て住宅の受注と、何十万円規模の売上げにすぎないリフォーム受注を同時に追わせても、従業員からすれば売上金額が高い、すなわち成績の上がる新築一戸建て住宅の受注に力を入れたがるということだ。これは、人間の心理として当然のことである。

「組織は戦略に従う」（米経営学者のアルフレッド・D・チャンドラー）といわれるように、リフォーム・リニューアル市場を戦略的に押さえていくためには、事業別組織や別会社化などによって、リフォーム・リニューアル事業に集中できる専門部隊を創設することが最も近道となる。

経営者は、経営方針書に「リフォーム（リニューアル）の受注強化。目標○○○件（□千万円）」と書くだけでなく、自社の意思表示として組織変更を行うとともに、評価制度や役割、権限も見直す必要がある。また、戦略を実行するための組織人材戦略を構築することが大事だ。特に、中堅・中小建設業の場合は、「何をやるか」より、「誰がやるか」が重要となる。

(2) 建設業のサービス化

二つ目が、建設業におけるサービス化である。これも、今後の成長戦略を組み立てる上では大切な項目といえる。サービス化は〝下請け多重構造からの脱皮〟、さらには〝売上高のベース化〟や〝収益構造の改革〟を行うためには有効な手段となるからだ。

では、「建設業のサービス化」とは何か。具体的には「PFI(民間資金等活用事業)」である。これは社会資本整備において民間の資金やノウハウを活用し、公的財政負担を軽減しつつ公共サービスの質的向上を図る手法。すなわち、建設企業が空港や高速道路、公共施設などの建築・維持修繕工事を請け負うだけでなく、施設の運営まで手掛けるということだ。なおPFIのうち、公共施設の所有権は行政が持ち、運営権だけを民間に設定する手法を「コンセッション方式」と呼ぶ(**【図表2-5】**)。

政府が策定した「PPP/PFI推進アクションプラン」(二〇一七年改定版)の中では、空港、水道、下水道、道路、文教施設、公営住宅、クルーズ船向け旅客ターミナル施設、MICE(マイス=多くの集客と経済効果が見込めるビジネス関連イベント)施設などが重点分野として

図表2-5　PFI、コンセッション方式の概要

手法	概要	根拠法令	施設所有	資金調達
PFI方式	公共施設等の建設、維持管理、運営等を民間の資金、経営能力および技術的能力を活用して行う方式。	PFI法（1999年）	行政 民間	民間
コンセッション方式	利用料金の徴収を行う公共施設について、公共施設の所有権を公共主体が有したまま、施設の運営権を民間事業者に設定する方式。	PFI法改正（2011年）	行政	民間

出典：国土交通省「国土交通白書2016」

図表2-6　PFI事業の実施状況（単位:事業数、億円）

事業数および契約金額の推移（2017年3月末現在）

年度	実施方針公表件数（累計）	契約金額（累計）
1999	3	0
2000	13	359
2001	39	1,542
2002	86	3,358
2003	131	6,895
2004	176	9,078
2005	219	14,920
2006	264	20,561
2007	309	26,112
2008	349	33,160
2009	383	37,692
2010	400	40,059
2011	424	41,373
2012	446	45,525
2013	477	46,527
2014	518	47,948
2015	553	51,593
2016	609	54,686

出典：内閣府 民間資金等活用事業推進室「PFIの現状について」（2017年6月）

挙げられている。PFI事業の実施状況（二〇一七年三月末現在）は公表ベースで事業数六〇九件、契約金額累計は五兆四六八六億円。二〇〇六年度以降、一〇年間で契約金額が二・六倍強と顕著な拡大を見せている（【図表2-6】）。現状は国や自治体など行政の構成比が圧倒的に高く（九二・六％）、分野別では文教・文化施設やまちづくり（道路・下水道・公園・港湾施設）が多い。民間へ移行することで、不活性だった施設が活性化する成功事例も最近は増えている。政府は二〇一三年度〜二〇二二年度までの一〇年間で、二一兆円の事業規模を目指している。

成功事例については後述するが、大手ゼネコンによるインフラ案件だけでなく、中堅・中小建設業によるサービス化事例も多い。例えば、「道の駅」施設の運営事例や、県有地の再開発事業でホテルを建設し、その運営を建設企業が行うケースも出ている。

(3) 海外マーケット

前述したように、日本国内の建設市場は今後、人口減少を背景に長期的縮小へ向かうと見られている。しかしながら、海外の建設市場は逆に拡大していくことが予測されている。特に、人口と経済が増加を続けるアジアの建設市場が有望視されている。アジア開発銀行が発表した報告書（「アジアのインフラ需要への対応」二〇一七年二月）によると、アジア太平洋地域の開発途上国が現在の経済成長を維持するとした場合、二〇三〇年までのインフラ需要は二二・六兆

図表2-7　海外建設受注実績の推移(単位:億円、%)

年度	受注実績額	前年度比
2000	10,000	137.0
2001	8,083	80.8
2002	7,584	93.8
2003	8,982	118.4
2004	10,617	118.2
2005	11,710	110.3
2006	16,484	140.8
2007	16,813	102.0
2008	10,347	61.5
2009	6,969	67.4
2010	9,072	130.2
2011	13,503	148.8
2012	11,828	87.6
2013	16,029	135.5
2014	18,153	113.3
2015	16,825	92.7
2016	15,464	91.9

出典：一般社団法人海外建設協会「海外受注実績の動向」

ドル（年間一・五兆ドル超）、気候変動の緩和や適応への対応の必要額を含めた場合は二六兆ドル（年間一・七兆ドル超）に上るとの見通しを示している。アジアを中心とした海外インフラ需要を取り込むことも、国内建設業にとっては大きなチャンスである。

日本の海外建設受注実績は一兆五四六四億円（二〇一六年度）。七割強が現地法人による受注である。また地域別ではアジア（七〇六四億円）が最も多く、次いで北米（六四八四億円）、大洋州（六九〇億円）などが続く。海外建設受注額は二〇〇〇年度以降、一兆円前後で推移してきたが、政府がインフラの海外展開を強化し始めた二〇一〇年代に拡大、二〇一四年度は過去最高の約一・八兆円を記録した。近年は一・五兆円を上回る水準を維持している（【図表2-7】）。

とはいえ、世界の主要建設企業に比べると、日本の建設企業の海外展開はまだ不十分といえる。【図表2－8】は、米建設総合情報誌『ENR（エンジニアリング・ニュース・レコード）』が毎年発表している世界の建設企業の総売上高ランキング（二〇一七年）である。日本企業の最高位は一六位（大林組）で、上位三〇社のうち日本企業は五社がランク入りしている。国別では中国（一一社）に次いで二位と存在感が強い。しかし「国外売上高」だけの世界ランキングを見ると、上位三〇社に名を連ねる日本企業は三社にとどまる。そのうちの二社はプラントエンジニアリング企業であり、総売上高上位三〇社にランク入りしている国内スーパーゼネコンは一社のみ（大林組）である。日本のスーパーゼネコンは世界市場でフランスや米国を上回るほどの存在感を示しているが、こと海外マーケットにおいては出遅れ感が目立つ。

海外建設マーケットへのアプローチは、大手建設業だけでなく、中堅・中小建設業においても積極的に展開している企業が見られる。中堅工事業L社の社長は「日本国内のビッグプロジェクトは、スーパーゼネコンを中心に企業規模の大きさで受注できる企業がほぼ決まってくるが、海外ではインフラ関連のビッグプロジェクトであったとしても、企業が持っている技術力を基に選定する。だからこそ中堅・中小企業は海外進出にビジネスチャンスがあるのだ」と言っていた。実際、この会社は、アセアンを中心に空港、有料道路などインフラ関連工事案件を受注している。

図表2-8　建設企業の世界ランキング(2017年、カッコ内は前年順位)

総売上高

順位	社名
1(1)	中国建築(中国)
2(2)	中国中鉄(中国)
3(3)	中国鉄建(中国)
4(4)	中国交通建設(中国)
5(6)	中国電力建設(中国)
6(5)	ヴァンシ(フランス)
7(7)	ACS(スペイン)
8(8)	中国冶金科工(中国)
9(10)	上海建工(中国)
10(9)	ブイグ(フランス)
11(―)	中国能源建設(中国)
12(12)	ベクテル(米国)
13(11)	ホッホティーフ(ドイツ)
14(26)	CIMICグループ(オーストラリア)
15(14)	現代建設(韓国)
16(15)	大林組(日本)
17(16)	スカンスカ(スウェーデン)
18(18)	フルーア(米国)
19(19)	鹿島建設(日本)
20(17)	ストラバック(オーストリア)
21(25)	ラーセン&トゥブロ(インド)
22(21)	清水建設(日本)
23(20)	テクニップ(フランス)
24(24)	大成建設(日本)
25(27)	フェロビアル(スペイン)
26(―)	陝西建工(中国)
27(22)	サムスン物産(韓国)
28(30)	浙江建設投資(中国)
29(37)	北京城建(中国)
30(33)	竹中工務店(日本)

国外売上高

順位	社名
1(1)	ACS(スペイン)
2(2)	ホッホティーフ(ドイツ)
3(3)	中国交通建設(中国)
4(4)	ヴァンシ(フランス)
5(5)	ベクテル(米国)
6(9)	ブイグ(フランス)
7(7)	テクニップ(フランス)
8(10)	スカンスカ(スウェーデン)
9(8)	ストラバック(オーストリア)
10(11)	中国電力建設(中国)
11(14)	中国建築(中国)
12(12)	サイペム(イタリア)
13(16)	フェロビアル(スペイン)
14(13)	現代建設(韓国)
15(19)	ペトロファク(英国)
16(15)	フルーア(米国)
17(27)	CIMICグループ(オーストラリア)
18(25)	サリーニ・インプレジーロ(イタリア)
19(21)	コンソリデーテッド・コントラクターズ(ギリシャ)
20(17)	サムスン物産(韓国)
21(20)	中国中鉄(中国)
22(26)	テクニカス・レウニダス(スペイン)
23(55)	中国鉄建(中国)
24(24)	BAMグループ(オランダ)
25(18)	日揮(日本)
26(30)	千代田化工建設(日本)
27(―)	中国能源建設(中国)
28(22)	GS建設(韓国)
29(6)	オデブレヒト(ブラジル)
30(33)	大林組(日本)

出典：Engineering News-Record「ENR's 2017 Top 250 Global Contractors」

ただし、海外で受注するためには、どの企業と組むか、さらには誰と組むかが大切なポイントだ。海外での人脈づくりと併せて、進出国に永住する覚悟を持って取り組んでいく必要がある。また、海外進出する際のもう一つの課題が「言葉の壁」である。言葉の壁は、中堅・中小建設業が海外に進出する上で、必ずといっていいほど出てくる課題である。そのため、海外進出を諦める企業も少なくない。

言葉の壁を乗り越える方策としては、まず進出国の現地人材を採用することである。海外に進出済みの中小工事業M社の社長は、「社員（日本人）に英語を覚えさせるより、現地で採用した人に日本語を覚えさせたほうが早い」と言っていた。つまり現地の技能者を雇い、日本語通訳の教育を行うということだ。また、日本に留学している進出国の学生を採用するという方法もある。日本に留学しているので日本語ができることはもちろんのこと、高学歴者が多いために第二・第三外国語もマスターしているケースが多い。そうした留学生が卒業後、日本の建設企業で活躍しているケースも珍しくない。

いずれにせよ、今後の国内建設市場の縮小を考えたとき、企業規模にかかわらず何らかの形で国外と関わるという選択肢は避けられないと筆者は考えている。中堅・中小建設業においても、海外マーケットをアプローチ対象から外すのではなく、ビジネスチャンスと捉えていただきたい。

(4) 成長分野への進出

事業戦略は、「テクノロジー（自社の固有技術）」×「マーケット（自社の参入市場）」によって組み立てることができる。そこで成長戦略を展開するために必要となってくるのが、成長マーケット（成長ドメイン）へのアプローチである。

企業が成長戦略を描くためには、

①成長が見込まれるドメイン（事業領域）にアプローチする
②何かの要因で伸び悩んでいるドメインを、ソリューションによって成長ドメインへ転換する
③まったく未開拓のドメインにアプローチする

――という三つのうち、いずれかで検討を進める必要がある。

筆者は、建設業界における成長ドメインとして、「環境ビジネス」と「ヘルスケア」の二分野が代表例だと考えている。

まず、環境ビジネス分野については、参入コストの面で課題はあるものの、建設企業が取り組む余地は大きいと見ている。環境関連マーケットの現状について整理すると、政府主導のもとで環境関連法制が整備され、近年、急速に市場規模が拡大している産業である。また、現在も次々と新しい事業が生まれている産業でもある。

図表2-9　環境産業の市場規模（単位:億円）

年	合計	自然環境保全	廃棄物処理・資源有効利用	地球温暖化対策	環境汚染防止
2000	579,643	73,969	394,609	38,306	72,759
2001	590,258	71,369	402,973	47,589	68,327
2002	592,196	69,891	404,749	52,693	64,863
2003	641,047	71,992	408,949	97,385	62,721
2004	715,389	74,096	421,330	158,244	61,719
2005	858,272	75,054	438,178	220,678	124,363
2006	911,700	75,332	455,527	246,515	134,326
2007	935,972	79,490	474,756	259,598	122,128
2008	953,057	79,336	488,083	262,775	122,862
2009	777,734	78,902	406,447	193,117	99,267
2010	890,266	78,603	420,352	266,661	124,649
2011	897,024	78,695	433,014	254,981	130,334
2012	939,118	78,982	438,264	289,490	132,381
2013	1,012,001	79,371	459,070	337,737	135,823
2014	1,027,847	82,445	449,000	353,372	143,029
2015	1,042,559	83,379	438,615	377,561	143,004

出典：環境省「環境産業の市場規模・雇用規模等に関する報告書（2015年版）」（2017年7月13日）

環境省の推計によると、環境産業の国内市場規模は二〇〇〇年時点で約五八兆円だったが、二〇一三年に一〇〇兆円の大台を突破、二〇一五年には約一〇四兆円（前年比約一・四％増）と過去最大となった。これは一五年前（二〇〇〇年）に比べ約一・八倍の規模である（**図表2-9**）。全産業に占める環境産業の市場規模の割合は、六・二％（二〇〇〇年）から一一・三％（二〇一五年）へと二桁台に到達し、日本経済における影響力が年々拡大している。

環境産業は大きく「環境汚染防止（大気汚染防止、下水、土壌・水質浄化など）」「地球温暖化対策（再生可能エネルギー、省エネなど）」「廃棄物処理・資源有効利用（廃棄物処理、リサイクルなど）」「自然環境保全（緑化、水資源利用など）」という四つに分類される。このうち成長率が最も高い産業が地球温暖化対策だ。特に「クリーンエネルギー利用」と「省エネルギー化」の伸びが著しい。この二分野は二〇〇〇年時点で合計三・七兆円の規模だったが、二〇一五年には二〇・二兆円と約五・五倍にまで急成長した。

四分類のうち産業規模が最も大きいのは「廃棄物処理・資源有効利用」の分野（約四四兆円）だが、伸び率を見ると近年は頭打ちの傾向が見られ、成熟マーケットとなっている。また、この分野は参入障壁が高い産業でもある。廃棄物処理やリサイクル事業は建設業にとって親和性の高い分野の一つだが、今からこの分野に参入することはあまり得策ではない。

一方、環境マーケットの成長をけん引している地球温暖化対策分野は、再生可能エネルギー、省エネルギービルや次世代省エネ住宅の普及・拡大、また自動車の低燃費化など、ビジネスチャンスが多い。例えば、省エネルギー建築においては、まちづくりの在り方や住宅設計における考え方が、スマートコミュニティーを中心に抜本的に変わってきている。これに伴い、環境に関する設計方法も大きく変わる可能性がある。

また、環境ビジネスと同様に、大きく伸びているのがヘルスケア分野だ。「建設×ヘルスケア」で考えた場合、高齢者向け住まいや施設がそのターゲットとなる。周知の事実だが、日本は人口減少とともに超高齢化が急速に進んでいる。二〇一五年時点で日本の高齢者（六五歳以上）人口は約三三八七万人、全人口に占める割合（高齢化率）は二六・七％だったが、二〇四〇

図表2-10　年齢区分別将来人口推計

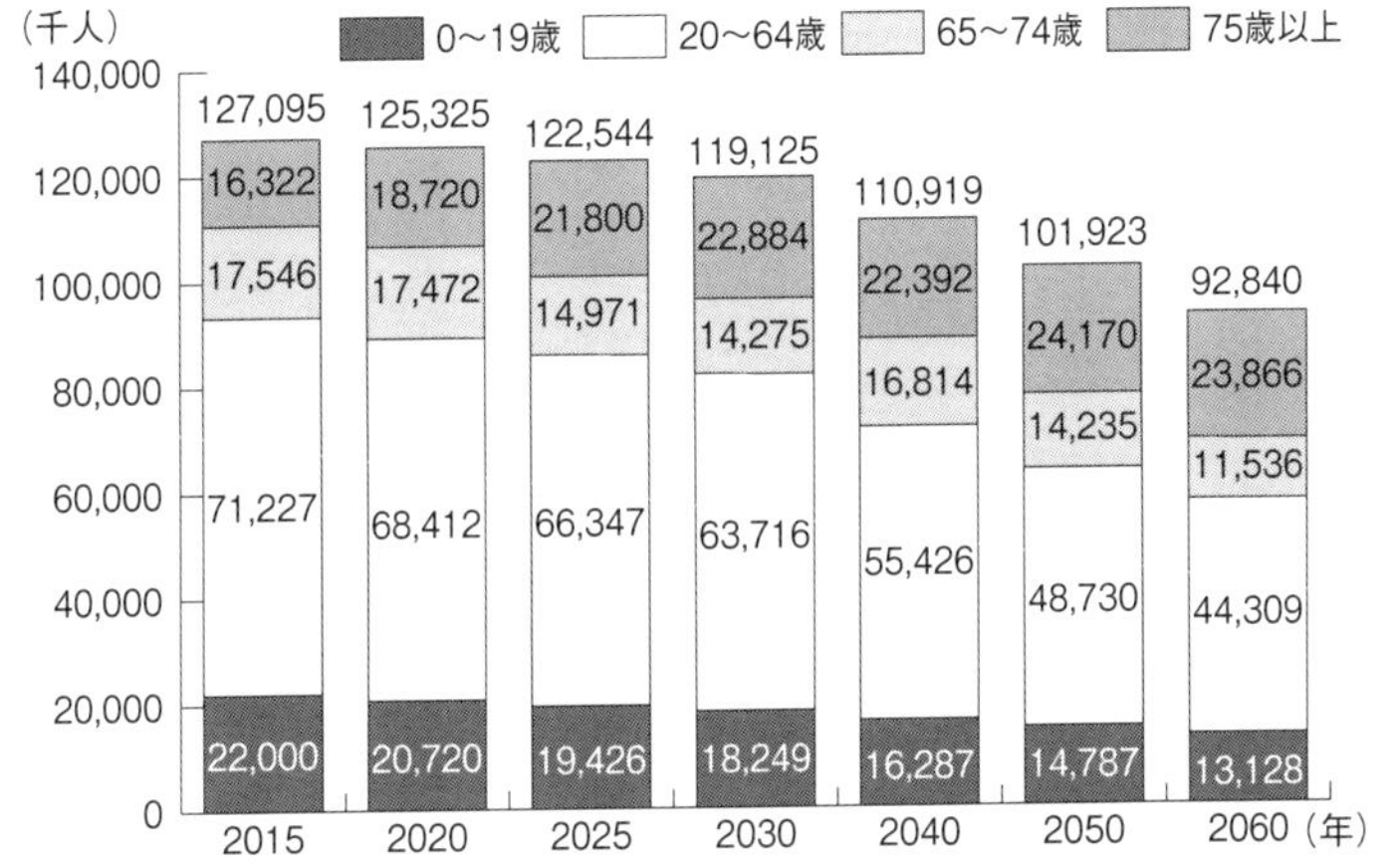

※2020年以降は出生中位（死亡中位）推計

出典：国立社会保障・人口問題研究所「日本の将来推計人口（平成29年推計）」

年は約三九二一万人（高齢化率三五・四％）に増加する。高齢者人口は二〇四二年をピーク（約三九三五万人）に減少していくが、総人口も減少するため高齢化率は上昇を続け、二〇六〇年時点では三八％と総人口の五人に二人が高齢者となる。

さらに、七五歳以上の後期高齢者人口も増加していく。一五年時点の約一六三二万人から、「団塊の世代」全員が七五歳以上となる二〇二五年には約二一八〇万人と、一五年時点に比べ一・三倍になると予測されている（**【図表２-10】**）。これに伴い、二〇五五年には一・五倍の介護需要が発生すると予測されている。二〇二五年には日本の約半分の地域で後期高齢者比率が二〇％以上となり、特に過疎地は四人に一人以上が後期高齢者となる地域が出現すると見ら

図表2-11　高齢者向け住まい・施設の定員数

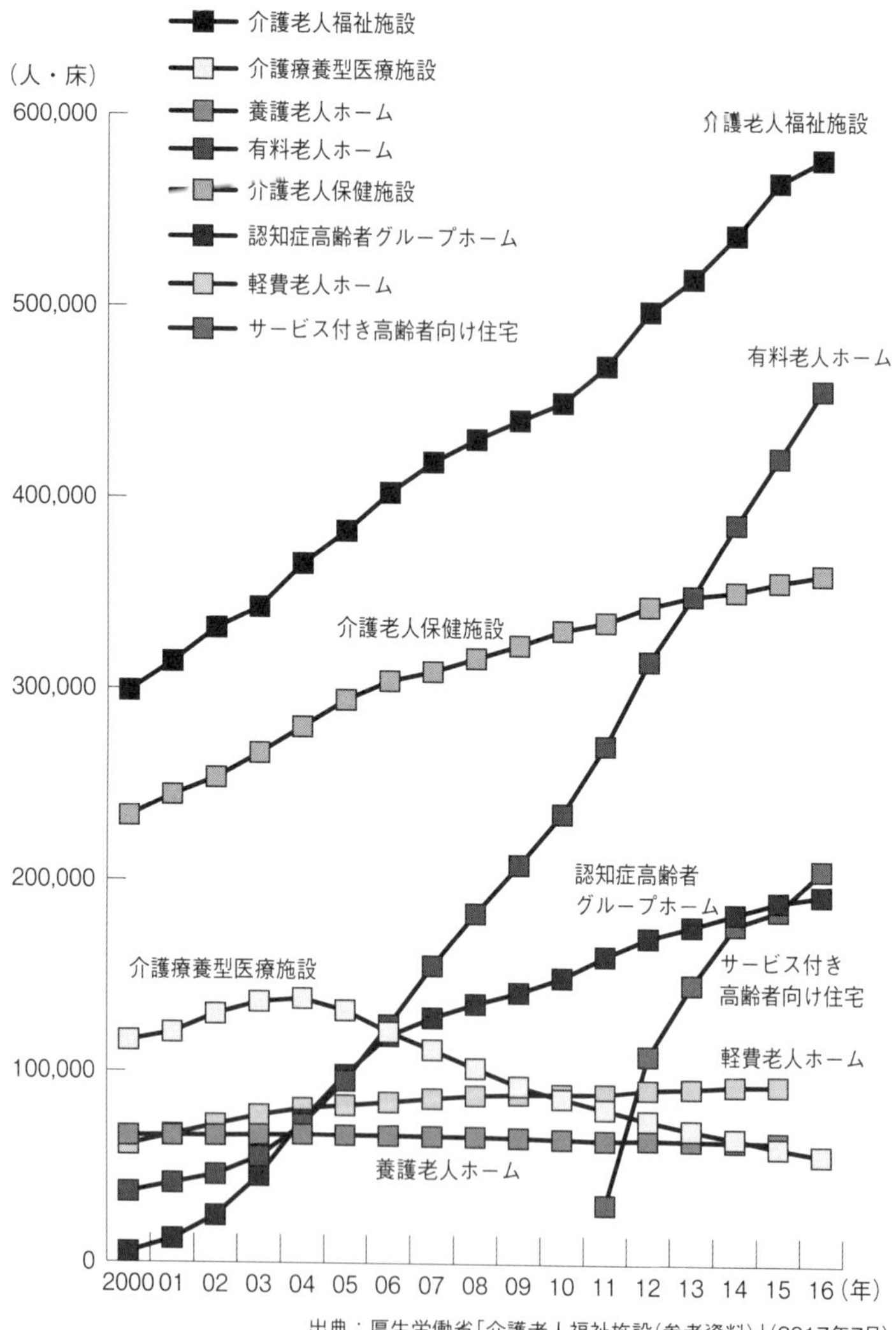

出典：厚生労働省「介護老人福祉施設（参考資料）」（2017年7月）

れている。したがって、今後は高齢者向け住まいや施設の建設が全国的に増加する見通しである。

高齢者向け住まい・施設を分類すると、介護老人福祉施設（特養）、介護療養型医療施設（療養病床）、養護老人ホーム、有料老人ホーム、介護老人保健施設（老健）、認知症高齢者グループホーム、軽費老人ホーム、サービス付き高齢者向け住宅（サ高住）に分けられる。現在、こうした施設の定員数はすでに増加を続けており、二〇一六年時点の主な施設数は特養約五八万人、有料老人ホーム約四六万人、老健約三六万人、サ高住約二一万人などとなっている（厚生労働省調べ）。二〇一一年に比べると、サ高住が約六倍強、有料老人ホームが六八・八％増、特養が二三・一％増といずれも大幅な伸びを示している（【図表2-11】）。

もう一点、押さえておかなければならないのが、まちづくりの在り方が変わる点である。政府は現在、医療・介護・予防・住まい・生活支援が一体的に提供される「地域包括ケアシステム」（【図表2-12】）の構築を進めており、これが今後のまちづくりの主軸となる。すなわち、住まいを中心に、病気やけがの治療が必要になったときの医療施設、介護が必要となったときの在宅・居住系サービス、生活支援・介護予防を目的とした老人クラブ・自治会・ボランティア、相談業務やサービスのコーディネートを行うケアマネジャー（介護支援専門員）の完備など、後期高齢者の住みやすいまちづくりが求められている。そのため、後期高齢者がより住みやすい

図表2-12　地域包括ケアシステムの構築について

○団塊の世代が75歳以上となる2025年をめどに、重度な要介護状態となっても住み慣れた地域で自分らしい暮らしを人生の最後まで続けることができるよう、医療・介護・予防・住まい・生活支援が一体的に提供される地域包括ケアシステムの構築を実現。
○今後、認知症高齢者の増加が見込まれることから、認知症高齢者の地域での生活を支えるためにも、地域包括ケアシステムの構築が重要。
○人口が横ばいで75歳以上人口が急増する大都市部、75歳以上人口の増加は緩やかだが人口は減少する町村部等、高齢化の進展状況には大きな地域差。
○地域包括ケアシステムは、保険者である市町村や都道府県が、地域の自主性や主体性に基づき、地域の特性に応じてつくり上げていくことが必要。

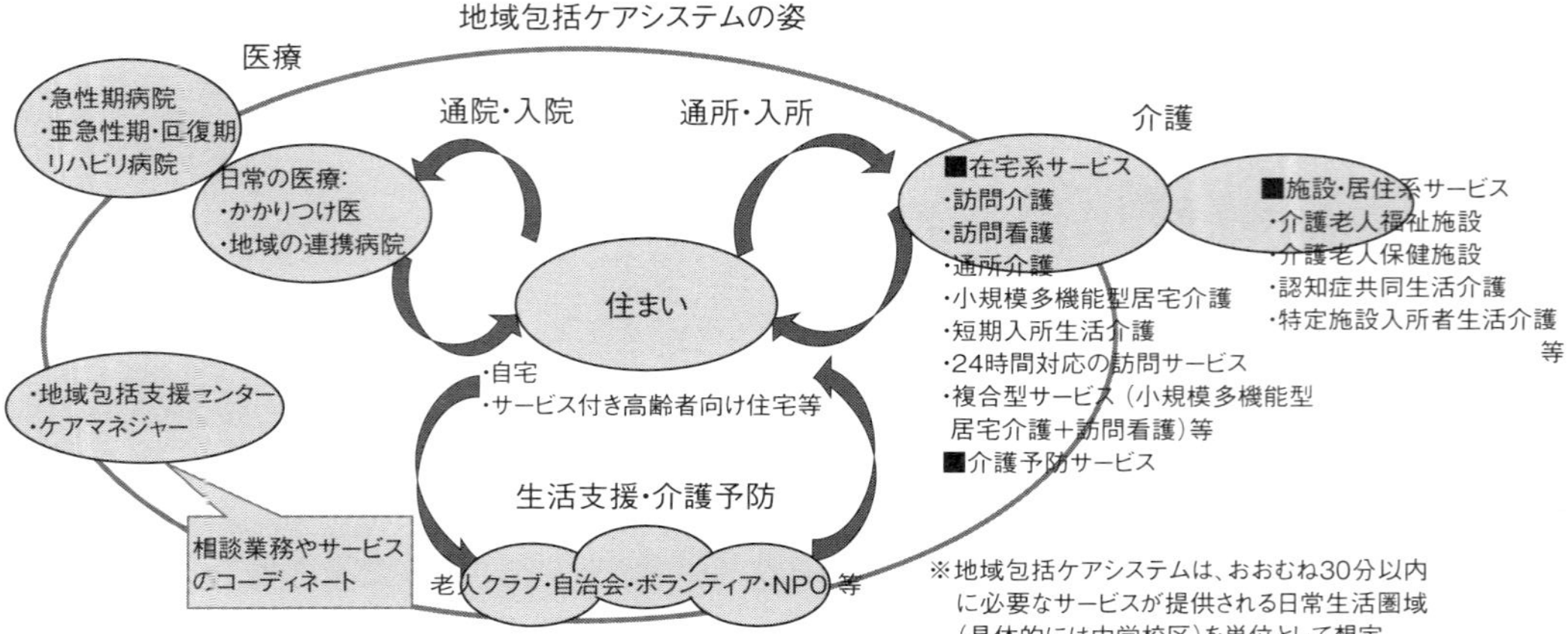

※地域包括ケアシステムは、おおむね30分以内に必要なサービスが提供される日常生活圏域（具体的には中学校区）を単位として想定

出典：厚生労働省ホームページを基に作成

まちとは何かを考え、その中でいかに自社が貢献していくかというアプローチを考える必要があるだろう。

ただし、環境ビジネスやヘルスケアにアプローチする際は、次の二点に注意する必要がある。

一点目は「一歩先を進み、市場が寡占化する前にマーケットを押さえる」ことだ。環境ビジネスという成長分野で事業を展開していくためには、常に一歩先を読んで事業を展開していく必要がある。成長マーケットは「異業種格闘マーケット」でもあるため、気付いたときには寡占状態に陥っており、自社が入り込む余地すらないということも十分にあり得る。

逆に、成熟市場あるいは衰退市場と見られていた分野に参入し、市場自体を立て直すことで新たな成長産業を築き上げた例もある。例えば、従来は斜陽業界と見られてきた造園業に着目し、ユーザーニーズの発見と不足・不満の解消に注力した結果、ガーデニング市場や家庭菜園市場が創出されたケースである。

二点目は「最先端技術を押さえる」ということだ。日本の環境ビジネスを海外の先進諸国と比べると、まだまだ遅れている分野も目に付く。日本の建設業が海外に学ぶ部分は多い。例えば、ライフスタイルについていえば、ドイツをはじめとする欧州諸国、また風力を中心とする再生可能エネルギー事業においては、英国が一歩先を進んでいる。そうした海外のモデル事業を参考にすることもできる。

日本国内においても、わずか設立五年で売上高三〇億円、売上高経常利益率三〇％という高収益を実現している環境関連企業もある。目標とするビジネスモデルをイメージに描いておくことも重要である。

事業とは、自社の固有技術とマーケットとの接点に存在している。ただ、事業拡大においては、自社の固有技術やノウハウをどのように構築していくのかが、大半の中堅・中小企業がぶつかる課題である。自社が伸び盛りの省エネ分野にアプローチをしようとするならば、マーケットを点ではなく「面」で押さえるためにも、自社が保有している固有技術を広げていく必要がある。自社の固有技術を拡大するには、現在保有している、核となる固有技術は何かを明確にしなければならない。これは環境ビジネス分野であれ、ヘルスケア分野であれ、同じことなのである。

(5) 国土強靭化関連マーケット

一九五九年の伊勢湾台風（台風15号）は、日本の台風災害としては明治以降最多の死者・行方不明者数（五〇九八名）という甚大な被害をもたらした。この災害を契機として、今日の防災対策の原点となっている「災害対策基本法」が制定された。

また一九九五年に発生した阪神・淡路大震災では、観測史上最大（当時）の震度7の直下型地震が初めて大都市を直撃し、密集市街地を中心とした大規模な市街地延焼火災や家屋の圧壊、また高速道路の高架橋の倒壊など、多大な人的・物的被害が発生した。こうした教訓から、政府は住宅・建築物の耐震化、木造住宅密集市街地対策を強化するとともに、インフラの耐震性強化に着手した。

そして二〇一一年の東日本大震災は、観測史上最大のマグニチュード（M）9・0という巨大地震と、最大遡上高が四〇メートルを超える大津波が押し寄せた。防潮堤は津波を遅らせるなどの効果もあったが、完全に防ぐことができず、多くの方々が死亡・行方不明となる大災害となった。

日本は台風・豪雨・豪雪の常襲地帯で、世界有数の地震・火山大国である。日本列島は大陸側と太平洋側の気圧配置の関係から台風の通り道になりやすく、一年間に平均三・六個の台風が上陸（二〇一一〜二〇一七年）し、年間降水量は世界平均の約二倍に上る。そのため、河川の氾濫やがけ崩れ、地すべり、土石流などが例年発生する。また、国土の約半分が「豪雪地帯」に指定され、毎年のように雪崩による災害が発生し、危険箇所は全国で二万箇所以上もある。

世界で発生するM6以上の地震の約二割が日本周辺で起きており、世界の活火山の約一割が日本にある。阪神・淡路大震災以降、年に約二回の頻度でM6以上の地震が発生し、近年は火砕流や噴石による災害も増えている。日本の自然災害による被害額は一九八五〜二〇一五年の

図表2-13　世界における自然災害被害額と被害額の割合

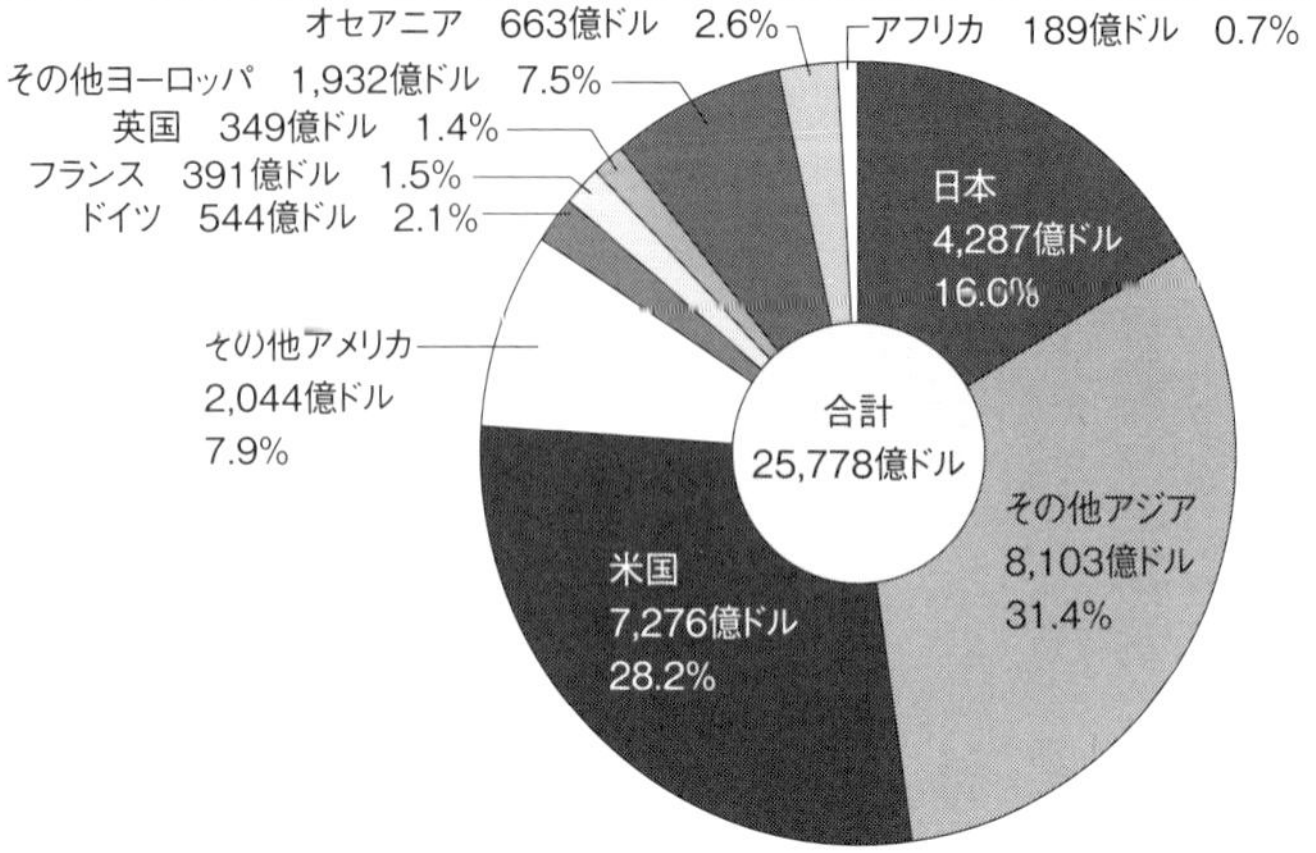

資料:ルーバン・カトリック大学疫学研究所災害データベース(EM-DAT)から中小企業庁作成
(注)1985年〜2015年の自然災害による被害額を集計している。

三〇年間で四二八七億ドルとされ、国土面積が全世界の約〇・二五％にすぎないにもかかわらず、同期間の世界全体の自然災害被害額（約二兆五七七八億ドル）の約二割も占めている（**【図表2-13】**）。

日本は、想定外ともいえる大規模自然災害が数多く発生し、その都度、さまざまな対策を講じてきたものの、それを上回る自然災害によって甚大な被害をこうむり、長期間にわたって復旧・復興を余儀なくされるということを繰り返してきた。

これは日本だけでなく、海外でも同様である。例えば、英国では二〇〇七年の大洪水により、死者一三名、建物浸水五・五万棟、最大一七日間の上水道停止（三五万人に影響）、二四時間の停電（四・二万人に影響）という大きな被害をもたらした。高速道路、鉄道の不通により、多数の人々が道路上や車両の中で夜を明かした。この被害を受けて、英国では「重要インフラレジリエンスプログラム」が策定された。

また米国の南東部では、二〇〇五年のハリケーン「カトリーナ」により、ニューオーリンズ市で死者約一二〇〇名、浸水戸数一六万戸、総被害総額一二五〇億ドルという甚大な被害をこうむった。この被害を受けて、米政府は国家インフラ防護計画を見直すなどの取り組みを実施した。もし、約二〇億ドルの事前対策を施していれば、一二五〇億ドルの被害発生は抑えられたとの推計もある（国交省「河川事業概要２００７」）。

日本政府も東日本大震災の教訓から、大規模災害に対する事前防災・減災のためのインフラ整備推進を定めた「国土強靭化基本法」を制定、二〇一四年六月にはその指針となる「国土強靭化基本計画」を閣議決定した。

国土強靭化とは、文字通り〝強靱な国土をつくる〟ことである。国土や経済、暮らしが災害や事故などによって致命的な被害を負わない強さと、速やかに回復するしなやかさを持つことを意味する。計画推進に当たっては、災害リスクや地域の状況などに応じて、ハザードマップの作成・活用、避難訓練の実施といったソフト面や、河川・海岸堤防の整備、迅速かつ円滑に避難できる施設、その避難経路の確保といったハード面の対策が講じられる。

こうした国土強靭化計画は、民間市場においても大きなインパクトを与える。政府がまとめ

図表2-14　国土強靭化関連の主な民間市場（個別）推計結果（単位:億円）

個別市場	現在（2013年）	将来（2020年）
超高層建築等の長周期地震動対策	0	2,224~4,448
CLT（直交集成板）建築	0	1,870~5,448
災害支援ロボット	0	1,609
蓄電システム装置	1,035	4,691
非耐震建築物戸建ての建て替え（解体＋建設）	2,697	6,069~10,307
民間道路施設の災害対策（耐震化、洪水対策、長寿命化）	2,133	5,467
再生可能エネルギーシステム装置（太陽光）	22,634	29,460~38,812
民間企業等における設備等の耐震化市場（滑動・転倒防止等）	6,861	8,919
鉄道施設の災害対策（耐震化、洪水対策、長寿命化）	8,141	8,763
発電施設、送配電施設の耐震化、移設	9,587	10,249
非住宅 非耐震建築物の建て替え（解体＋建設）	4,518	4,702~5,648
木密地区（木造住宅密集地域）の解消	2,706	6,666

出典：内閣官房「国土強靭化に関する民間市場の規模の推計」（2016年2月）

た試算結果によると、災害に強いまちづくりを目指す国土強靱化に関する民間市場規模は、二〇一三年時点の約八兆円から、二〇二〇年には一一・八兆～一三・五兆円に達するという。二〇一三年から二〇二〇年までの間で市場の伸びが大きい個別市場（市場規模が一〇〇〇億円以上）としては、「超高層建築等の長周期地震動対策市場」「CLT（直交集成板）建築市場」「災害支援ロボット市場」「蓄電システム装置市場」などを挙げている（【図表2－14】）。

日本の建設業は、これまで極めて厳しい自然環境と長年対峙してきた。その経験から培った治山・治水・耐震・耐雪などの施工技術は、世界をリードする存在といっていい。さらには防災・減災技術だけでなく、災害発生時でのリカバリー（回復）能力も高い。東日本大震災や熊本地震、福岡・博多駅前の道路陥没事故などで見せたライフラインの復旧工事スピードが、「あり得ない速さ」だと世界で話題になったことは記憶に新しい。建設企業はこうした強みを持つだけに、国土強靭化関連マーケットでは多くのビジネスチャンスにつなげられるはずである。

これからの建設業のあるべき姿

(1) 〝建設を極め、建設らしくない〟を追求

先に述べたように、日本の建設業はこれからマーケットが縮小に向かう。さらに多層構造の中で仕事も少なくなるため、必ず過当競争へと陥る。技能者数は不足し、採用においても毎年、苦戦を強いられることになろう。求人倍率が高い建設業において、入職希望者から選ばれる会社になるためにも、タナベ経営が提唱しているファーストコールカンパニー、つまり一〇〇年先にも選ばれる会社を目指す必要がある。これを建設関連企業に置き換えると、〝建設を極め、建設らしくない〟を追求することにあるといえる。

繰り返すが、建設を〝極める〟とは、分野や工法など自社の強みを特定し、設計・施工一体のビジネスモデルを確立することであり、〝専門を極める〟と言い換えることもできる。これは

決して絵空事ではない。実際、中堅・中小建設業において専門を極めている企業は多く存在している。次に、その事例企業として四社を紹介しよう。

一社目は、東北地方に本社を置く年商一〇〇億円規模の総合建設企業である。同社は、工場に特化した設計・施工を展開している。単に工場のハコを造るだけでなく、工場ラインの生産性も加味した上で設計するという徹底ぶりである。同社は、①ライバルと価格競争で競り合う案件は受注しない、②売上総利益率が低い案件は受注しない――という方針のもと、受注案件を選別している。これを実践できるということは、裏を返せば専門特化できているということだ。まさに建設業の枠組みを超える、新しいビジネスモデルを構築しているといえよう。

二社目は、同じく年商一〇〇億円規模を有する関西の総合建設企業である。同社は、「食品工場建設」で顧客に選ばれる道を選択している。創業以来、同社は企業の生産・物流施設やマンション、商業施設などの建設工事をはじめ、官公庁の土木工事で多数の実績を残し、七〇年近い歴史を積み重ねてきた。「食品工場のファーストコールカンパニー」を目指して食品工場というドメインに特化し、自社のポジションを再定義した。食品工場建設事業にブランド名を冠して他社との差別化を図り、ノウハウや固有技術を磨き上げ、結果的に特命の依頼が舞い込む仕組みを構築。業績拡大を実現している。

同社の取り組みで特筆すべき点は、ブランディング戦略を徹底していることである。社内に専門チームをつくり、食品業界の展示会への出展や業界専門誌の活用など、ブランディング活動に対し積極的に投資を敢行している。建設業界においてブランディング戦略を実践している企業はまだまだ少ない。そんな中、同社は継続してブランディング活動を展開し、成長戦略を後押ししているのがポイントである。もっとも同社の総受注高の五割は、通常の建設事業である。受注産業において業績を組み立てるには、全体のバランスの中で何を極めるのか明確にし、設計・施工型で特命を得るという〝極める道〟を確立している。

三社目の事例は、中部地方にある年商三〇億円の建設企業である。同社は、成長マーケットにアプローチして成功を収めている。すなわち「建設×介護×ストックマーケット」という〝複業化〟で、新たな市場をイノベートしているのである。

具体的には、本業である建設業のノウハウと、新たに始めた介護用品レンタル事業で得た経験を生かし、介護用リフォーム、介護用住宅建設、空き家の管理販売へと事業を拡大した。地元密着型の建設事業と、成長分野であるヘルスケアマーケットを掛け合わせることで業績を伸ばしている。長年培った固有技術と新規事業で得たノウハウを生かして介護系建設マーケットに参入し、専門特化して極めている事例である。

最後の四社目は、成長マーケットの環境分野に特化した、同じく年商三〇億円規模の総合建設企業の事例である。同社は「生活の向上」をコンセプトに、建設業と自然エネルギーの活用事業を展開している。環境負荷の少ない再生可能エネルギーを利用した製品の開発・販売に積極的に取り組み、パッシブデザイン（建物の構造・材料などを工夫し、太陽光熱や自然の風によって快適な室内環境をつくる設計手法）と同社独自の地熱利用空調システム、バイオマス暖房システムなども組み込んだ「超・省エネ住宅」を販売している。これは、ドイツパッシブハウス研究所が規定する厳格な性能基準を満たす認定住宅である。

さらに、冬季に積もった雪を夏の冷房で利用するシステムや、風力発電と太陽光発電を組み合わせて、日没後の夜間照明や誘導灯を点灯させるハイブリッド型発電システムなど、「省資源・省エネ・資源再利用」を点ではなく、面で捉える技術開発力が大きな特徴といえる。

いずれの四社も堅調な受注と高粗利益率を確保できている。事業モデルが収益構造を変え、好業績を生み出しているのだ。この事例から、中堅・中小建設企業であっても、「自社はどの分野に特化するか」「何で施主から選ばれるか」を明確にすることがいかに重要であるかが分かる。

また、〝建設らしくない〟を追求することの眼目は、「サービス化」にあるといえる。事実、世界ランキングの上位に位置する海外の大手建設企業（特に欧米企業）は、コンセッション事業で業績を伸ばしているところが多い。いまや建設業の機能は、「建てるだけ」ではない。従来の固定観念にとらわれず、建てた後にサービスするという新たな事業モデルで収益を確保する。そんな時代がすでに来ているのである。

〝建設を極め、建設らしくない〟を追求するビジネスモデル革新こそが、これからの新たな道であると提言したい。

(2) ファーストコールカンパニーの実現

前述したように、〝建設を極め、建設らしくない〟を追求するということは、ファーストコールカンパニーを実現することと同義である。今後、押し寄せるであろう市場の衰退という大波に耐え得る状態を、今のうちから早期に構築する必要があるといえる。〝一〇〇年先も一番に選ばれる企業〟、ファーストコールカンパニーを実現するためには、次の五つの着眼点に取り組む必要があると考えている。

着眼点1 顧客価値のあくなき追求

孔子が編纂したと今に伝わる歴史書『春秋』。その代表的な注釈書である『春秋左氏伝』の中に、こんな一節がある。「居安思危《こあんしき》／思則有備《しそくゆうび》／有備無患《ゆうびむかん》」。読み下し文は「安きに居《お》りて危うきを思う／思えば則《すなわ》ち備え有り／備え有れば患《うれ》い無し」。よく知られる格言「備えあれば憂《うれ》いなし（普段から準備をしておけば、万一の際にも心配することはない）」の原文である。

現代文に訳せば、「平時のときにも有事のことを考えよ」「心積もりをしておくことが備えとなる」「備えがあれば万一の事態が起きても慌てることはない」となる。つまり、自らを脅かすリスクについて、常日頃から考えることの重要性を説いている。これは、建設企業においても同じである。現在は比較的、順調に受注案件を確保できる経済環境にある。こうした平時にこそ、先々のリスク（景気後退や競争激化など）について思いを巡らし、「一〇年後に自社はどういったことで、他社よりも一歩先に出るか」「自社の付加価値を何に設定するか」などを検討することが大事である。

その際は、顧客の観点に立って、「自社が設計・施工した物件がいかにライバルよりも価値のある建物であるか」「どのような価値を顧客に提供していくのか」などを決める必要がある。

例えば、設計企画という点では、先に紹介した事例企業の〝食品工場における企画・設計力（デザイン・機能性など）〟や〝ヘルスケア分野におけるノウハウ〟などを挙げることができる。また、施工技術といった点では、〝他社に負けない耐震・免振技術や一四〇〇年にわたる社寺建築一筋の技術〟といった施工の固有技術。さらに、「安心」「サービス」が大事だというものの、そもそも顧客が求めている安心・サービスとは何か、顧客が価値として感じているコトは何かなど、どのような顧客価値を提供するのかを追求して、どのようにしてそれを極めるのかを決める必要がある。

通常、過去のセグメント別の売上げ実績から、自社は何が強いのかを判断することができる。

また、顧客価値のレベルを客観的に表す指標として粗利益率（付加価値率）がある。建設業の一般的な粗利益率の目安は一〇%であるが、自社は粗利益率が一五%を超える案件を受注しているとすれば、現在の顧客は自社に何らかの価値を感じてくれている可能性があると判断できる。

着眼点2 ナンバーワンブランド事業の創造

ファーストコールカンパニー実現のための二つ目の着眼点は、ナンバーワンブランド事業の創造である。世界水準で考えた場合、日系企業はモノをつくることは得意だが、自社のサービスや商品をブランディングすることは苦手といわれている。中でも建設に関わる企業は、ブランディング活動を苦手とするところが特に多い。何でナンバーワンになるのかを決めることが重要である。だが、建設業の場合、せっかく他社に誇れる技術やノウハウを持っているのに、残念ながら戦略としてブランディングに取り組んでいる企業は非常に少ない。

現在、中堅・中小建設業においても、自社の存在価値となる固有技術や商品・サービスが何であるかを決め、インナーブランディング（自社の企業理念やビジョン、存在価値を社員に理解・浸透させる啓蒙活動）やアウターブランディング（自社の理念やビジョン、ブランド価値を社外の人に理解・浸透させる啓蒙活動）を展開し、ナンバーワンブランドの確立に取り組んでいる企業も増えている。ただ、ブランディング戦略の効果が上がるには二、三年の期間が必要である。

戦略投資と捉え、一定の成果が上がらなくても継続することが重要だ（ブランディング戦略の構築ステップについては、第3章で解説する）。

着眼点3 強い企業体力への意志

ファーストコールカンパニー実現のための三つ目の着眼点は、強い企業体力への意志である。

ファーストコールカンパニーとは、重ねていうが「一〇〇年先も一番に選ばれる会社になる」ことである。これを実現するには、当然ながら強い企業体力という支えがなければいけない。

そのための日標として、タナベ経営では「一」「一〇」「一〇〇」という三つの数字を掲げている。まず〝一〟とは「ナンバーワン」を示し、〝一〇〟は「売上高経常利益率一〇%」を表し、〝一〇〇〟は「一〇〇年経営」を意味している。これらを実践するための基準が、「経常利益率一〇%」と「実質無借金経営（手元資金が有利子負債より多い状態）」である。

建設関連企業の経営者に中期ビジョンについて話すと、「建設業界で経常利益率一〇%は難しいし、その上に無借金なんてとても……」と言う経営者が少なくない。しかし、その一方で、経常利益率八%という中堅・中小規模の建設企業をよく目にするのも確かだ。また、中には経常利益率一〇%以上、さらに実質無借金を達成している企業も少なからず存在するのである。

経常利益率一〇%と実質無借金経営を目指すに当たり、もし、現在の事業モデルでは限界があるとすれば、事業モデルそのものを変える必要がある。企業体力が弱く低収益の企業の経営者ほど、「うちの業界では……」「ライバル企業との比較では……」「この地域では……」「この企業規模では……」とよく口にする。だからこそ〝建設を極め、建設らしくない〟を念頭に置き、残す部分（過去の歴史で培った強み）を見極め、新しくする部分は何かを追求し、最終的に経常利益率一〇％、実質無借金経営という強い企業体力の構築を目指したい。

着眼点4 自由闊達《かったつ》に開発する組織

着眼点の四つ目は、一言でいうと「チーム力」である。現在、建設業界においては、「働き方改革」に向けた改善が進められている。残業削減、有給休暇取得など課題は山積しているが、必ず構築しなければいけないのは組織のチーム力だ。建設企業では、「社内でのチーム力（設計・建築・土木・営業など各部門が一体となって連携し、顧客価値を向上させる力）」「協力会社とのチーム力（仕事の段取りや施工品質など、実際に作業する現場力で全てが決まる）」「顧客とのチーム力（顧客と密に連携し、一体となって取り組む必要がある）」という三つのチーム力において、どれが欠けても適正工期、適正原価、最適品質の実現は、まず難しいといえる。

筆者は、優れたチームの条件は三つあると考えている。一つ目の条件は「チームが共通目的を持つこと」である。例えば、「理念経営・経営方針の徹底」「価値判断基準の統一」「目的・成果物・成功基準の共有」などである。

二つ目の条件は、「機能分化」である。「経営者の役割」「各部門・各個人の役割」「全員参加型経営」などの実現が必要だ。

そして最後の三つ目の条件は「自発行動」である。つまり、それぞれのチーム、さらには、チームのメンバーが共通目的に向かって知恵を絞りながら成果を上げることができるかどうかである。そのためには、①変化すること（結果が悪くても責めない）、②現場からのボトムアップで提案できる風土、③共通目的・機能分化より自発行動は生まれる。

以上の三つの条件を社内のチーム、協力会社とのチーム、お客さまとのチームで実現することで、ファーストコールカンパニーに向けたチーム力を発揮することができる。

着眼点5 事業承継の経営技術

創業一〇〇年を超える老舗企業は日本全国で三万四三九四社（二〇一八年時点、東京商工リサーチ調べ）を数えるという。これは日本の全企業数（三八二万社）のわずか〇・九％と一％にも満たない。つまり創業して一〇〇年以上存続する確率は、わずか一一一分の一なのだ。ちなみに「中小企業白書」（二〇一一年版）によると、企業が創業して二〇年後の生存率は五四％。創業後二〇年で約五割が〝退出〟していることになり、一〇〇年どころか二〇年存続することすら難しいというのが現状である。

経済産業省の試算（二〇一七年）によると、今後一〇年間に七〇歳（平均引退年齢）を超える経営者は約二四五万人で、うち約半数の一二七万人（日本企業全体の約三割）が後継者未定となり、現状を放置すると二〇二五年ごろまでの累計で約六五〇万人の雇用、約二二兆円のＧＤＰが失われる可能性があるという。廃業企業の約半数（四九・一％）は黒字にもかかわらず、日本経済の根幹を支える優良企業が消滅していく危機的状況にある。

そこで円滑な世代交代を進めるため、政府は二〇一七年一二月に新たな政策パッケージを発表した。今後一〇年間を「事業承継の集中実施期間」に設定し、事業承継税制の抜本的拡充や早期・計画的な事業承継の支援など、休廃業・解散の回避に向けた取り組みを強化する考えだ。

タナベ経営は、「社長の寿命が事業の寿命、事業の寿命が会社の寿命になってはいけない」と繰り返し発信している。ファーストコールカンパニーとは、一〇〇年先も一番に顧客から呼んでもらえる企業である。自分の代だけ一番に呼んでもらえるというのではだめだ。あくまでも一〇〇年続く経営が基本である。

事業承継は、自分の後継者を見つければいいという、単なる人探しの問題ではない。事業承継は、マーケティングや生産・開発、人事・処遇などと同様に、経営技術が必要である。事業を連綿と承継していく経営技術を磨く、これもファーストコールカンパニーを実現する条件の一つとなる。

中小建設業に多い事業承継のパターンは、大きく次の四つに分けることができる。一つ目は、資本と経営を分離せずに、オーナー家が中心となって事業承継を進めていくパターン。二つ目が、資本と経営を分離した上で、社内もしくは社外から優秀な社員を立てて事業を承継していくパターン。三つ目が、承継する人物が見つからず、一代限り（もしくは現社長の代）で事業をやめてしまうパターン。そして最後の四つ目が、M&Aによって経営権を失うが、事業は存続させるという選択肢である。

さて、実情はどうだろうか。近年は事業をやめる、またはM&Aを選ぶ企業が増えている。事業承継における詳細な対策については第5章で解説するが、いずれにしても次世代の経営メンバーへ、いかにして事業と経営をスムーズにバトンタッチしていくか。自社の事業力、組織力を含めて考えた上で、どのように事業承継していくかをしっかりと練り上げて対策を検討していただきたい。

この五つの条件をイメージし、市場環境の影響を受けない強固な企業体質づくりを構築して、ファーストコールカンパニーを目指していただきたい。

第3章

ナンバーワン戦略モデルづくり

図表3-1　「コンストラクションブランドカンパニー」モデル

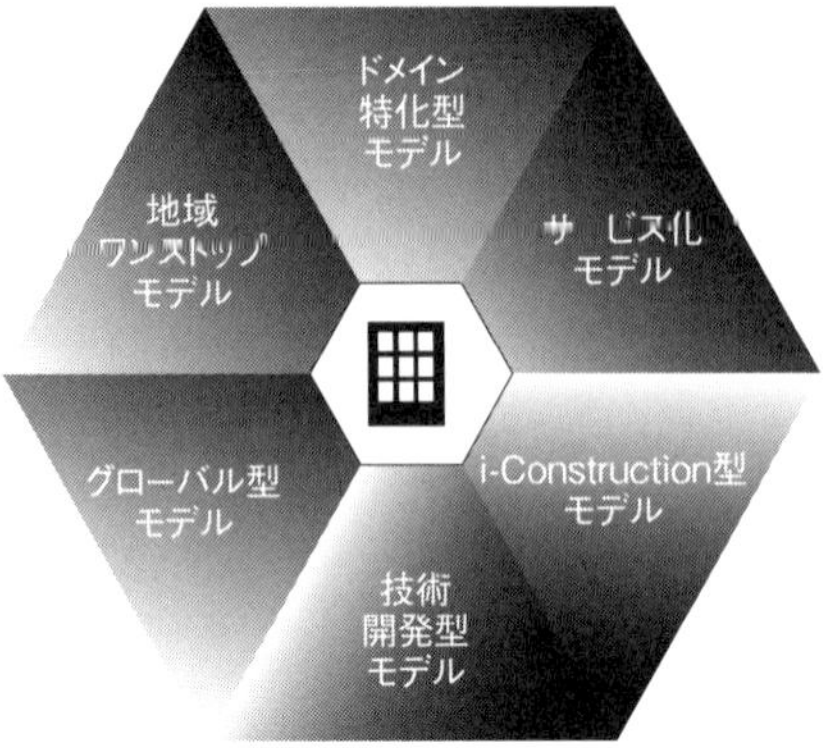

出典：タナベ経営

建設企業が持続的に成長発展していくためには、〝建設を極め、建設らしくない〟を追求するビジネスモデルの構築が必要、というのが本書のテーマである。このビジネスモデルの事例として、本章では六つの「コンストラクションブランドカンパニー」モデルについて解説していく（**【図表3-1】**）。

筆者は、コンストラクションブランドカンパニーとは「強みと強みを結び、専門ソリューションを磨き、新しい価値を創り出す企業」だと位置付けている。前述したように、建設業界を取り巻く課題は山積しているが、地域における建設業の役割は大きく、地方創生に欠かせない業種であり、また、地域になくてはならない業種といえる。したがって、山積する課題と正面から向き合い、新たな「社会」を創る担い手としてソリューションを展開していく必要がある。

これから成功事例を含めて示す「コンストラクションブランドカンパニー」モデルを、自社の事業モデル改革の参考にしていただきたい。そして事業モデル改革を行うことで、従来型の〝建設業〟から進化させ、〝建設を極め、建設らしくない〟会社の追求を実現し、地域におけるファーストコールカンパニーを目指していただきたい。

ドメイン特化型モデル

モデルの概要

まず、皆さんに一つ質問をさせていただく。

「あなたの会社は、ライバルとの価格競争に陥っていませんか？」

建設企業の事業概要を見ると、「総合建設業」という文言を目にするケースが多い。この〝総合〟とは、一般的に「何でもできる」ことが特徴だといえるが、これは裏を返せば「何もできない」といっているに等しい。なぜかといえば、顧客から見ると強みや特徴が分からないからだ。

例えば、駅前に新しい居酒屋が二店舗オープンし、それぞれの店に「おすすめのメニューは何ですか」と聞いたとしよう。A店は「うちの店は何でもおいしいですよ、ぜひ来てください」、B店は「うちの店は特に○○がおいしいですよ、ぜひ来てください」と返ってきた。あなたは、どちらの居酒屋に足を運ぼうと思うだろうか。A店に興味を引かれる人は少ないはずである。

しかも、現在の建設業界はどの企業も「何でもおいしい」と答えている状況である。そうなると、顧客は必然的に「価格」でしか選べなくなる。「ライバルとの価格競争に陥っていないか」という質問に対し「イエス」と回答された方（企業）は、「何でもできます」をうたい文句にしていないだろうか。

筆者はコンサルティングにおいて、中期ビジョンの策定を支援することが多い。その際、クライアント企業の幹部の方々に「自社の特徴を一言で言っていただけませんか？」とお願いすることがある。だが、即答できる人は少ない。逆に、ライバルより劣っている点（弱点）はたくさん出てくる。

「ドメイン特化型モデル」とは、自社の特徴、つまり会社の存在価値を明確にし、成長マーケットを細分化した上で、自社がナンバーワンになれる事業領域（ドメイン）を選定する。どのドメインでナンバーワンになるかが決まれば、次のステップはブランディング戦略（競合他社との区別を明確にする自社の「ブランド」を戦略的に高める施策）への落とし込みである。

図表3-2　建設工事業におけるブランディング戦略のステップ

ステップ1	ブランディングの方向性を検討する「戦略キャンプ」の実施	自社の工事実績や有資格者、外部環境などを現状認識し、ブランディングの方向性を明らかにする。
ステップ2	ブランディング・スタートアップ	ブランディングを推進する上での提携先選定や営業ツール作成、プロモーション計画のガイドラインを作成する。
ステップ3	インナーブランディングと組織・権限設計	ブランディング化を行う旨の社内周知と推進組織体制の整備を行う。
ステップ2~3	特化する分野の情報収集	ステップ2、3と併せて特化する分野固有の技術、モデル事例、アライアンス先等の情報収集を進める。
ステップ4	チャネルブランディング	業界団体への参加、各種メディアを通じた執筆活動、展示会への出展を行う。
ステップ5	プロモーション活動と強化	セミナー・完成見学会の実施、社内体制構築による提案力の強化を図る。
ステップ4~5	外部に向けての発信強化	ステップ4、5と併せてホームページの改善、広報活動等を行い、外部発信を強化。

出典：タナベ経営

ブランディング戦略においては、「インナーブランディング（社員に自社のブランド価値や目指す姿を理解させる啓蒙活動）」と、「アウターブランディング（顧客や社会に対しブランド価値や目指す姿を理解させる周知活動）」の二つのステップに分けて落とし込みを行う。中堅・中小建設業において、ブランディング戦略まで落とし込みを行っている企業は少ない。逆にいうと、ブランディング戦略まで落とし込みを行えれば、中堅・中小企業においても顧客から一番に選ばれる企業＝ナンバーワン企業になるチャンスが拡大し、収益構造も改善することができる。

【図表3-2】は、筆者がコンサルティングで推奨している建設工事業のブランディング戦略のステップである。「ステップ1」では、「戦略キャンプ」を実施して、自社のブランディングの方向性を検討する。戦略キャンプとは、タナベ経営が提唱する合宿形式のディスカッションのことで、社長と幹部が膝を突き合わせてじっくりと議論し、持続的成長に向けた戦略・ビジョン構築を行うものである。

「ステップ2」は、ブランディングを進めるためのパートナー選定や営業ツール作成、プロモーション計画のガイドラインを整備し、「ステップ3」ではインナーブランディングに向けた社内周知と推進組織を編成する。この間、自社が特化する分野に求められる固有技術やモデル企業事例、アライアンス（提携）先などの情報収集を行う。

一方、「ステップ4」以降はアウターブランディングのステップである。チャネルブランディング（業界団体への参加、各種メディアでの執筆、展示会出展）やプロモーション活動（セミナーや完成見学会の開催、外部への提案力強化など）を展開する。併せて、自社ホームページの改善や広報活動を積極的に行うなど、外部発信を強めていくという流れになる。

◎ドメインを選定する

特化したいドメインを選定できても、当然ながら自社にノウハウや固有技術がなければ、そこへアプローチすることはできない。したがって、分野の選定と同時に、自社が現在保有しているノウハウや固有技術は何かを明確にする必要がある。

そのためには、自社のこれまでの工事実績や有資格者数、保有する経営資源(特許工法や不動産など)を棚卸しする必要がある。

例えば、工事実績は次の分類によって売上高・粗利益率まで含めて分類し、構成比の高い工事は何か、をまず選定する。

- 創業当初からの長年の実績がある
- 特許を含め、他社にはない技術を保有している
- 自社で設計・施工している
- 結果的に粗利益率が高い(粗利益率一五%以上)
- 特命受注が多い

——といったチェックポイントを考慮した上で、自社の得意分野を洗い出していただきたい。

自社のノウハウや固有技術を選定できれば、次に実施するポイントは、どの成長分野へアプローチするかである。ドメインを選定する場合、成長分野の中から「市場規模」「成長性」「ライバルの参入状況」などを加味して検討する。ライバルとの比較においては、他社にない自社のノウハウや固有技術・サービスは何かを見極めて、ドメインを選定する必要がある(【図表3-3】)。また、選定したドメインで「ワンストップサービス(一つの場所や手続きでさまざまなサービスが受けられる環境のこと)」を展開できるかも検討する。ワンストップサービスを展開でき

図表3-3　ドメイン選定のイメージ

	官公庁		民間	
	受注高	粗利益率	受注高	粗利益率
住宅				
娯楽施設				
医療・福祉施設				
教育・文化施設				
倉庫・流通施設				
工場・発電所				
店舗				
宿泊施設				
事務所・庁舎				
住宅				
その他				
合計				

構成比が高く、粗利益率も高い工事 工種から自社の得意分野は何かを選定する。
※工場などは「食品」「鉄鋼」等、業種別に落とし込む

×

成長分野
ヘルスケア
環境分野
倉庫／物流
…
…
…
など

どの分野でナンバーワンになるのかを選定する

出典：タナベ経営

れば、選定したドメインでブランディング戦略が進めやすくなる。

何でもかんでもやることを「ワンストップサービス」だと勘違いしている企業もあるが、それはワンストップサービスとはいえない。まず、他社にはない尖ったノウハウや固有技術を確立した上で、ワンストップサービスを展開するには何が必要かを横に広げていただきたい。

ワンストップサービスを展開する場合、いきなり総合化に取り組むのではなく、専門化から総合化につなげていくステップを踏むことが重要である。また、中小建設業の場合は、自社が持っているノウハウや固有技術が限られている場合も多い。ワンストップサービスを展開する場合は、企業間連携、FC（フランチャイズチェーン）への加盟、M&Aなどにより、総合的に

事業の幅を広げることも有効な手段といえる。

◎ブランディング戦略の構築

特定の分野を絞り、その分野でナンバーワンになれるドメインを選定できれば、顧客・チャネルに対してブランディング戦略を展開する。タナベ経営が提唱するファーストコールカンパニー（一〇〇年先も一番に選ばれる会社）を実現するためには、ブランディング戦略の構築は必須条件といえる。

ブランドとは、顧客に対し自社の価値を定義、約束し、長期的な信頼関係を構築することである。ブランドは、ロゴやデザイン、プロモーションだけではない。何となく会社から発する〝匂い〟ともいえる姿勢、理念、考え方など、企業としてのストーリー性や精神性が醸し出されなければならない。

ブランディング戦略の構築ステップは、前述したように、インナーブランディングとアウターブランディングの二つに分けることができる。

インナーブランディングでは、

- 企業理念とブランドの関連性
- 顧客に課題解決を約束するソリューション

図表3-4　コングロマリット型組織例

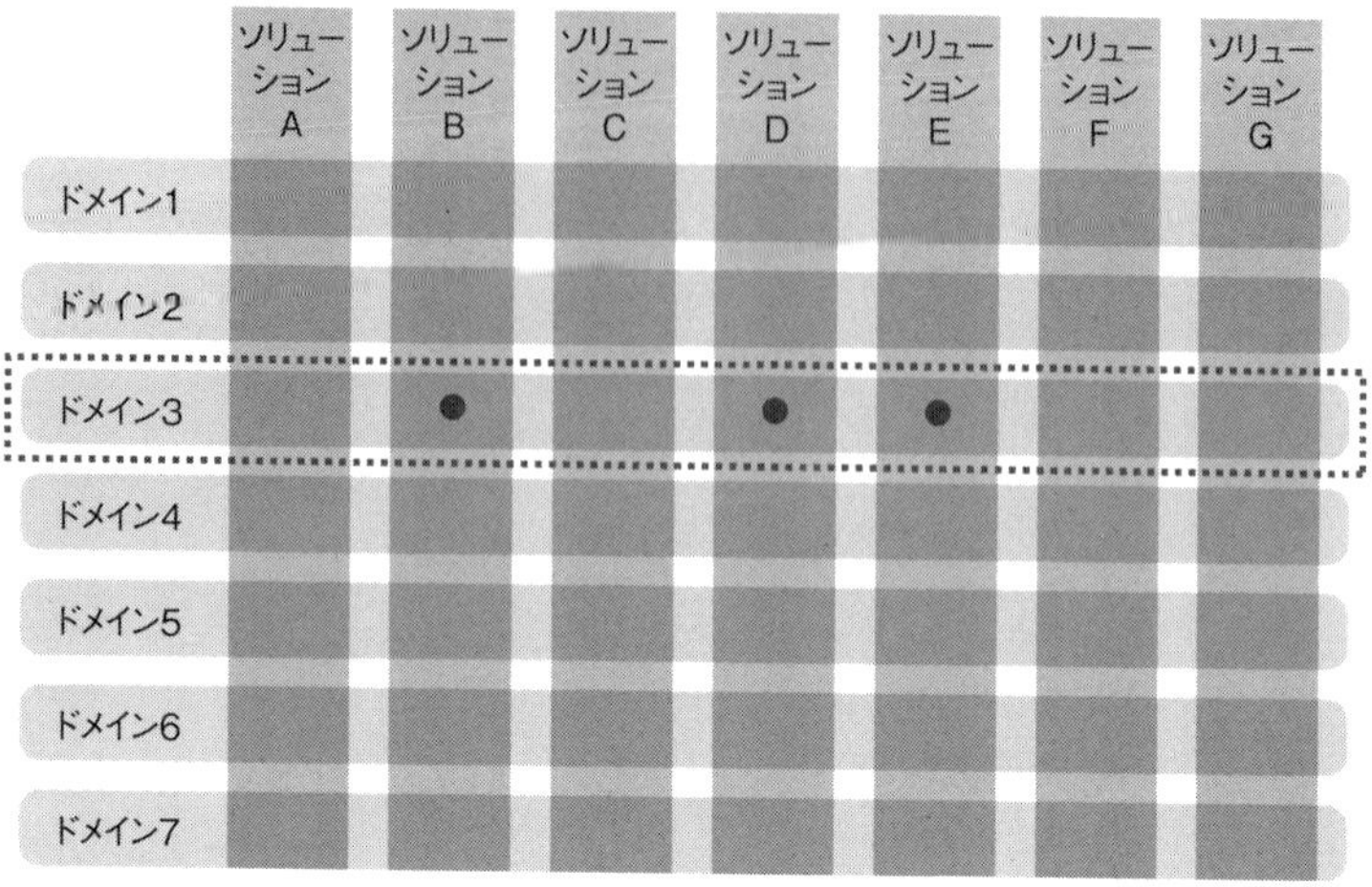

出典：タナベ経営

●ソリューションを展開するために継続すべきこと
●社内への浸透方法
●ブランド名

——などを決定しなければならない。最終的には、インナーブランディングを構築することによって社員全員がこれらを共有できるようにする。ある建設関連企業では「ブランディングブック」を作成し、社員全員に配布して徹底している。

インナーブランディングが固まれば、次に実施するのがアウターブランディングだ。つまり、外部への発信である。自社ホームページの刷新、特定業界の展示会出展、業界紙誌への寄稿、業界団体への加盟、ダイレクトメールの発送など、最初はふるいにかけず全てにアプローチし、より効果的な手法を選定していく。

アウターブランディングにおいては、ブランドの専門性を上げるため、設計事務所や設備会社も含め、どことアライアンスを組むのかを検討する必要がある。また、ブランディング戦略を推進するための組織体制（コングロマリット型組織への変換など、**【図表3‐4】**）や、推進人材の採用（意匠設計、構造設計、設備設計が分かる人材など）も考えなければならない。

企業事例

ドメイン特化型のモデル企業として、大阪の総合建設企業「三和建設」（大阪市淀川区、森本尚孝社長）を紹介する。同社は「つくるひとをつくる®」という経営理念のもと、〝人財〟の採用と育成に注力している。強靭な結束力を持つ社員たちが、独自性が際立つブランディング戦略を推し進め、長きにわたって顧客との信頼関係を築いている。

同社は一九四七（昭和二二）年五月、森本多三郎氏が創業した三和木材工業がルーツである。一九五四年に現社名へ変更し、総合建設業として事業を展開している。同社が飛躍するきっかけとなったのが、一九五〇年、当時は社名が寿屋だった「サントリー」との取引開始であった。サントリー山崎蒸溜所やサントリー食品工業（現・サントリープロダクツ）の宇治川工場などを手掛け、以来、現在まで信頼関係が続いている。

同社は二〇一二年、高品質な工場づくりのためのトータルブランド『ＦＡＣＴＡＳ®（ファクタス）』を立ち上げた。これは、工場（ファクトリー）に独自の価値を足す（タス）という意思を込めた造語である。現在、食品工場建設のブランドとして位置付けられている。

総合建設業にありがちな総花的な取り組みでは、顧客にとって「かけがえのない存在」になることは難しい。そう考えた同社は、ドメインを「食品工場の建設」に絞り込み、経営資源を集中させたのである。食品工場に特化した理由は、前述のサントリーをはじめ、食品メーカーと深い取引関係にあったことが挙げられる。また、食品メーカーの工場建屋に対するニーズは千差万別であり、設計や施工において非常に高いレベルが要求される。自社の実力を生かす絶好の場であるとともに、技術の伝承にも最適だと考えたのだ。

本格的に始動させた当初は、案件情報の収集に苦労したものの、ブランド化に向けた取り組みが功を奏し、現在では案件にも恵まれ、着実な伸びを見せている。食品メーカーにドメインを絞ることで、「食品工場に関することなら、まず三和建設へ相談しよう」「三和建設を紹介しよう」といわれる存在になっている。具体的な取り組みとしては、食品企業向けのセミナー（ＦＡＣＴＡＳセミナー）を約三カ月ごとに開催（会費無料）しているほか、食品の衛生関係をはじめとした業界団体での人脈づくり、また、展示会への出展などによって、認知度が向上して特命受注できるレベルにまで成長している。

さらにブランディング戦略を実行するための組織として、「マトリクス組織」を導入している。縦のラインに「大阪本店」「東京本店」といった拠点を配し、横のラインにはＦＡＣＴＡＳなどのブランド事業を配している。例えば、ＦＡＣＴＡＳ事業では社長直轄で予算と権限を持ったブランドマネジャーを置き、横串を刺している。ブランディング領域の営業方針については、値決めも含めた一切の権限を、ブランドマネジャーが持つことになる。

一方、「追求します」という同社の行動指針に沿って、「追求文化創造プロジェクト」による勉強会も実施。横断型のチームやプロジェクトによって、何事にも追求する社風の醸成に取り組んでいる。同社は目指すべきビジョンを明確に掲げ、ドメイン特化型のブランディング戦略を最優先するという認識のもと、ブランドマネジャーが強烈なリーダーシップで組織をけん引。それを全員でやり遂げる使命感を醸成している。

組織を円滑に動かすための重要なポイントは、共通の目的やビジョンに向け、相互の信頼を高め合い、結束することである。同社は毎年、経営理念やビジョンについて記載した冊子『コーポレート・スタンダード』を作成し、全社員でビジョンを共有している。〝五年後のなりたい姿〟と副題の付いたビジョンの中には、「食品工場のファーストコールカンパニーとなる」と掲げられている。

ちなみに同社の経営理念「つくるひとをつくる」とは、「ひとづくりこそが企業の存在意義そのものである」とのメッセージが込められている。建物という構築物を扱うためハードに目が向きがちだが、それ以外にも技術や価値、顧客、信頼、社会、仲間、会社、歴史などといった多様なものを創っている。そして、それら全てを創るのはひとである。長年にわたって事業を続ける中で、自社が行ってきたことは「ひとづくり」だと同社では総括し、この経営理念を策定したのだという。

成功要因の着眼点

◎自社の存在価値が何かを見極める

ブランディング戦略を展開するには、自社の存在価値、すなわち「自社の固有技術×顧客ニーズの接点」が何であるかを見極める必要がある。これは簡単なようで、意外に難しい。社内で討議すると、何が自社の固有技術か、なかなか抽出できないことが多い。まず、前述した通り、過去の歴史で培った自社の実績や経験などを洗い出し、これから自社の事業領域をどこに置くか、つまり存在価値をどこで発揮するかを検討することから始めることだ。この項目は戦略を考える上で最も大切であり、スーパーゼネコンから中堅・中小建設業に至るまで、規模の大きさにかかわらず戦略を立てる際は必ず組み上げている項目である。

ただ、技術というものはイノベーションが繰り返されており、時間がたつほど陳腐化してしまう。これまでに積み上げた自社の技術に何を追加すれば、将来的に自社はファーストコールカンパニーを実現できるか、未来の存在価値を決める必要がある。自社の存在価値は勝手に決まるものではなく、自ら決めるものだ。もし、自社の存在価値が決まらなければ、価格競争に巻き込まれ、低収益に陥る可能性が高い。

◎インナーブランディングの構築

何を存在価値にするかが決まれば、次に実施しなければいけない重点項目がインナーブランディングである。ブランディングといえば、広告宣伝による外部発信がイメージされるが、企業ブランドを外部へ発信する前に、まず自社の社員が自社のブランド価値をしっかり理解しておかなければならない。したがって、自社のブランド価値を社員が理解することに力を費やす必要がある。自社のブランドについて、経営幹部から新入社員に至るまで、同じレベルで語ることができるかどうかを、一度確認してみるといい。もし、できなければ、ブランディングブック（ブランドのコンセプトやビジョンを浸透させるための小冊子）の作成・配布や社員教育の実施によって、自社ブランドの社員理解・社内浸透を進めていただきたい。

◎アウターブランディングの構築

インナーブランディングの構築の次は、外部への発信、すなわちアウターブランディングの構築となる。これは中堅・中小建設業が非常に弱い項目である。自社では「技術の革新性に定評がある」「地域密着で地元の評判がよい」と思っていても、実際は外部から見ると「他社とほとんど変わらない」「そもそも社名を知らない」といった現実に直面するケースが少なくない。アウターブランディングのポイントは、プロモーション（販売促進）を展開する最初の段階で、メディア媒体やツールを絞り込まずに、全てを洗い出して一度アプローチをかけてみて、成果を見た上で判断することだ。そして最も重要なのは、「誰に×何を×どのように」展開するかを押さえることである。

サービス化モデル

モデルの概要

日本は長らく「ものづくり大国」として世界経済をけん引してきたが、現在ではサービス産業（第三次産業）がGDPに占めるシェアは七割程度とされ、年々、その割合が上昇している

（一九七〇年：五割→一九九〇年：六割→二〇一〇年：七割）。日本経済の主役はいまやサービス業である。これは日本特有の現象ではなく、欧米先進諸国でも同様だ。このように経済発展に伴い、経済活動の中心が農林水産業（第一次産業）から製造業（第二次産業）、そして非製造業（サービス業、第三次産業）へと移る現象を、「ペティ＝クラークの法則」と呼ぶ。

日本の製造業においては、従来のように工場で生産した製品を販売して稼ぐビジネスモデルから、製品をサービスとして提供することで稼ぐビジネスモデルに移行している。こうしたビジネスモデルを「サービタイゼーション」という。このモデルの代表例が、米国のGE（ゼネラル・エレクトリック）である。同社は、航空機エンジンを製造するだけでなく、整備計画の提案や運航管理を支援し、エンジンの耐用年数の延命化や飛行計画の最適化による燃料コスト削減などのサービスを展開している。このように、生産する製品の稼働状況の二四時間遠隔監視や定期保守点検、使用方法に関するトレーニングなどのサービスを複数年契約で組み込むライフサイクルビジネスを「O＆M（オペレーションアンドメンテナンス）」と呼び、導入事例が増えつつある。製品を納入して終わりというスポット型ビジネスでは、経済環境の変化によって受注が変動し、毎年安定した収益を得られないが、製品にサービスを付加することで、収益が安定化しやすいというメリットがある。また、競合他社との差別化も図りやすい。

第2章で、〝建設を極め、建設らしくない〟を追求することの眼目は「サービス化」にあると述べた。建設業においても、単発受注型モデルから脱却するには、製造業のようなサービタイゼーション、すなわち事業のサービス化を行う必要がある。実際、最近はスーパーゼネコンや準大手ゼネコンを含め、中期ビジョンやコーポレートブックに「サービス化」の文言を入れているケースが多くなっている。

建設企業によるサービス事業といえば、以前は産業廃棄物のリサイクルや飲食店事業、最近は介護関連サービスや農業コントラクター（収穫や耕起など農作業請負）が目立つ。ただし、建設業のサービス化は、第2章でも触れたように、コンセッション事業（ＰＦＩ）が今後の有望分野だと筆者は考えている。

コンセッション事業とは、公共が所有するインフラの運営権を、民間が受託する事業モデルである。国内では、関西国際空港、大阪伊丹国際空港、仙台空港など空港関連や、愛知県の有料道路などですでに民間事業者による運営が行われている。コンセッションの一般的な事業モデルは、公共施設の所有権を国や地方自治体に残したまま、運営権を民間企業に売却。運営権を得た企業は、収益を上げながら長期にわたり維持・管理するというものである。

コンセッション事業は海外の建設業が先行しており、売上高五兆円を超す仏ヴァンシ社は二五空港の運営を受託し、日本においても関西国際空港、大阪伊丹国際空港の運営権をオリックスとともに取得している。日本国内でのコンセッション事業はまだまだ発展途上ではあるが、先進事例として前田建設工業がある。同社は仙台国際空港での運営権、愛知の有料道路においても代表企業として運営権を受託している。

建設市場がフロー型からストック型へ動いていく中、建設業であっても「サービス」の要素を自社に取り入れる必要がある。特に、公共事業が新設からストックの活用へと大きく流れを変える中、橋梁やトンネルの補修などインフラの維持・修繕や道路分野のコンセッションなど、新たな領域に力が注がれている。ただ、大半の建設企業において伸び悩んでいるのが実情である。二四時間対応のカスタマーサポートなど、サービス業であるという視点に立ち、事業展開をする必要がある。

また、ストックマーケットへアプローチするため重要となるのが、ITを中心とするシステム化・標準化への集中投資である。「小さな案件は儲からない」などと思い込む企業も多いが、儲ける仕組みをつくる経営システムは必須といえる。

企業事例

◎前田建設工業

コンセッション事業のモデル企業として、二社紹介したい。一社目は、前述した準大手ゼネコンの「前田建設工業」である。

「官から民へ」を合言葉に、郵政民営化が実現したのは二〇〇七年のこと。この出来事に象徴されるように、二〇〇〇年代は公的機関の機能を民間に移す流れが急加速した。そうした流れの中、二〇一六年一〇月、日本の道路事業にとってエポックメイキングともいうべき事業会社「特別目的会社愛知道路コンセッション」が誕生した。愛知県南西部の知多半島近辺を走る有料道路八路線（総延長七三・五キロメートル）の運営権が、前田建設工業などが立ち上げた同社に引き渡された。公的機関が所有する有料道路の民営化は日本初の取り組みだ。

最長三〇年という期限付き運営権の落札額は約一三七七億円。八割はプロジェクトファイナンスで銀行から融資を受けたとはいえ、売上高四二〇〇億円強の前田建設工業にとっては莫大な投資となる。それでも同コンセッションの営業利益は約三〇億円（二〇一八年三月期）に到達。「順調なスタートを切ることができた」と、プロジェクトを推進した中心人物である前田建設工業の取締役・岐部一誠氏は語る。

有料道路運営権の守備範囲は、前田建設工業の得意分野である建築・土木の枠を大きく超えている。事実、道路の維持管理・メンテナンスや料金収受、事故時の対応などについても、責任を持って行わなくてはならない。このほか、観光客向けの市場を設置したパーキングエリアの建設、中部国際空港（セントレア）内でのホテル新設・運営、地元企業や住民らとの協力によるまちおこしなども実施項目に含まれているという。まさに、〝建設サービス〟と呼べる領域を網羅しているといえるだろう。

長期的には利益確保が予測できるとはいえ、巨大ダムや発電所、地下鉄、ドーム球場など多彩な物件を手掛けたゼネコンの雄が、〝つくる〟という枠から大きく飛び出したのは一体なぜか？　そこには「脱請負」を目指して、十数年にわたり奔走してきた岐部氏の信念が大きく影響している。

同氏は、日本で真っ先にコンセッションの概念を学んだパイオニアでもある。一九九〇年代後半から海外投資家との関係強化に奔走する中で、欧州の建設事業の変化をいち早くキャッチした。

「欧州の建設投資に着目したところ、英国などの先進国では、維持・更新への投資が全体の半分近くを占めることが分かりました。今でこそ日本でも建物を長く使うようになりましたが、当時の日本はまだまだ新規案件に注目していた時代。しかし、いずれは日本でも新築が減っていくと考え、対応方法を模索していました」（岐部氏）

グローバル競争が進み、労働力の安い国々が参入すると、価格競争では先進国に勝ち目はない。実際、欧州諸国の建設企業で、そうした事例をいくつも目の当たりにした。そうなったとき、発注者の依頼に頼る請負だけの〝一本足打法〟では、自社の経営もいずれ行き詰まる――そんな危機感を覚え、「脱請負」という方向性を打ち出すに至ったのである。

「ヒアリングを重ねる中で、コンセッションを通して、水道や道路の運営に取り組む建設会社が好調な業績を残していることに気付きました。以来、コンセッションの可能性を模索してきました」

コンセッションなら、自社が主人公となって事業を進め、脱請負を果たすことが可能だ。日本でもトレンドとなりつつある維持・更新に関わることもできる。業界の問題点を一気に解決するのがコンセッションだったのである。

コンセッションはそもそも金融工学の考えから生まれた原理だ。財政構造改革と地域活性という点で、各国の導入目的は共通している。公的年金や退職金を扱う団体をはじめとする世界の投資家の目線で、インフラを事業として運営するというのが基本的な方向性である。生活に欠かせないインフラ事業からは安定した収益を得ることができるため、不安定でリスクの高い運用を否とする年金投資家にとって、コンセッションはおのずと着目すべき投資対象となった。

ただ法律上の規制があり、日本で本格的にコンセッションを実施することは長きにわたって不可能だった。そこで脱請負の実現に向け、前田建設工業では先行して別の取り組みをスタートさせた。例えば、二〇一一年に参入した再生可能エネルギー事業（太陽光発電や風力発電など再生可能エネルギーのプロジェクトを自ら開発・投資し、工事を行うとともにインフラ自体を運営して利益を得、魅力的な物件に育てば売却するビジネスモデル）は、コンセッションと並ぶ脱請負の取り組みの一つ。二〇〇五年に導入した、施工中の工事原価を全て開示する原価開示方式も脱請負の一環であり、建設業の信頼回復のための取り組みでもあった。

「二〇〇〇年前後、建設業界ではダンピングが横行しました。しかし、価格競争では誰も幸せにならず、業界は衰退する一方。『自社だけが生き残ればよい』という発想では解決策になりません。どうすれば価格以外の価値を築き、信頼やブランドを築けるか。お金以外で信頼を表す〝ブランド〟をつくれないかと考えたところ、実際の原価を発注者に示し、『暴利は取らないけれども、原価に手数料を上乗せして、いいものをつくる』と約束し、信頼を獲得しようとしたわけです」

以後、原価開示方式の流れが建設業界に広がっていく。愛知道路コンセッションにおけるインターチェンジなどの改築業務も、原価開示で契約に至ったという。

コンセッションを本格始動できたのは、二〇一一年の改正ＰＦＩ法の成立以降である。料金徴収が必要な公共インフラでも、コンセッションが実現することになり、可能性は一気に広がっていった。

前田建設工業のコンセッション初事例は、実は愛知県の有料道路ではない。二〇一五年には東急電鉄などとタッグを組んで、仙台国際空港のコンセッション方式による民営化を手掛けた。この事例は、国内第一号のコンセッション事業となった。空港運営には特殊なノウハウが必要なため、前田建設工業は主幹企業から外れているものの、空港経営を行いＬＣＣ（格安航空会社）ターミナルの工事なども手掛け、コンセッションのノウハウを着実に蓄積した。

愛知県八路線の有料道路に関しては前田建設工業が主体であり、愛知道路コンセッションの議決権を五〇％有している。つまり、自らが全てを統括して、二四時間三六五日、道路の安全を守らなければならない。責任ある立場になると、従来とは違った課題や難しさもあるという。だが自社で足りない点は、共に参画したパートナー企業や地元企業の手を借りて、一つ一つ解決することができている。

「コンセッションは、単なるインフラの効率運営ではなく、地域の課題を解決する取り組みにほかなりません。官にとっては公共インフラの売却でインフラに投資する資金を得られますし、民にとっては新しいビジネスが生まれ、住民にとっては地域活性につながりますから、まさに『三方よし』のビジネスモデルです」（岐部氏）

地域の課題解決、地域活性に着目すれば、コンセッションにおいて地域の中小企業の果たす役割の大きさが浮き彫りになる。実際、コンセッションの直接の受注者は、ある程度の規模を有する企業ではあるが、建設やメンテナンス、あるいはサービスの提供は、地域を熟知する地元の力なしに成し得ない。

「多くの中小企業は、地域のマーケットに近い場所で仕事をしており、現場のニーズを肌で感

じているはず。その立場を生かして、実態を理解した独自のソリューションを提供していくことが重要」（岐部氏）

今後は、地方自治体が展開する中小規模のコンセッションが増えていくと見られる。その中で、地域の中小企業の存在感が増していくことは明らかだ。企業規模にかかわらず、広がりつつあるコンセッション市場に向き合い、自社ならではの手法で取り組むことが必須といえるだろう。

◎加和太建設

「建設×サービス化」の展開は、大企業にしかできないわけではない。中小企業における成功事例が、静岡県三島市の総合建設企業「加和太建設」である。同社は、建設業は施設を「造る」だけという既成概念を覆し、街を「活かす」事業にも進出した地場の建設企業である。

東京から車でおよそ三時間。週末には豊かな自然や富士山を望む絶景を求め、多くの観光客が訪れる伊豆半島に、二〇一七年五月一日、道の駅「伊豆ゲートウェイ函南《かんなみ》」がオープンした。伊豆の魅力が詰まった飲食店や物販店が並び、建物の中心にあるイベント広場では音楽ライブやパフォーマンスが繰り広げられ、にぎわいを演出する。

同施設を運営するのはＳＰＣ（特別目的会社）「いずもんかんなみパートナーズ」で、その代表企業に当たるのが加和太建設である。いずもんかんなみパートナーズは函南町とＰＦＩ事業契約を結び、施工と運営を行う。運営は二〇三二年四月までの予定だ。

「ＰＦＩという形態は初めてでしたが、施設の企画提案から設計、施工、運営を行うのは今回が初めてではありません」と加和太建設代表取締役社長の河田亮一氏は語る。同社は二〇一三年に開設した静岡県三島市の「大社の杜みしま」を企画・施工し、運営してきた実績がある。

「三島市は三嶋大社の門前町として栄えていました。ところが、時代とともに三嶋大社の周りが寂れてしまっていたんですね。周辺の地主や行政の『大社周辺を復興させたい』という思いと、新規事業にチャレンジしたいという当社の戦略が一致。周辺の再開発の計画から施工・運営までを手掛けるプロジェクトとしてスタートさせ、飲食店や雑貨などの店舗や各種イベントが頻繁に開催される複合商業施設を立ち上げました」（河田氏）

そのころ、加和太建設では地方ゼネコンの在り方を模索していたという。従来のように工事の請負だけをしていては、先細りになることが目に見えていた。そこで建設業の存在意義から考え直したのだ。

かつて建設業は花形産業だった。まちづくりに貢献し、多くの雇用を創出してきた。そんな産業の使命を、より能動的な形に変換する方針を打ち出した。それが「街を創る」「街を活かす」事業である。前者は建築、土木、不動産業など従来のノウハウを生かして展開し、後者は施設運営、メディア事業など新たな事業領域に進出する。

つまり、地域の歴史をもう一度掘り下げ、地域の文化や魅力を発信できる施設づくりをゼロから開発し、運営することで地域の活性化を図るという、地方ゼネコンの姿を見いだしたのである。

とはいえ、当然のことながら、従来のゼネコンにはないノウハウが求められる。中でも施設運営はまったくの門外漢である。新たに社員を採用したものの、複合商業施設の運営に携わった者はいない。そこで担当者は同様の複合施設へ何度も視察に行くなど、勉強しながらノウハウを蓄積していったという。

これらの指揮を直接執ったのがプロジェクトリーダーである河田氏だ。実は加和太建設の新たなチャレンジは全て河田氏の発案によるものである。同氏は大手情報会社と銀行勤務を経て、約一〇年前に父親の経営する加和太建設に入社した。入社前は建設業について、いわゆる〝3K〟の代表的業界というイメージで捉えていた。

「ところが入社して考え方は一八〇度変わりました。社会的にはネガティブなイメージを持つ人も少なくありませんが、社員たちは道路や建物を造る仕事に誇りを持って働いています。そんな彼らに光をあてたいという思いに駆られました。しかし現実は、中核事業である土木の仕事は減少するばかり。新しい展望を見いだせずに苦しんでいたとき、三嶋大社周辺の課題と出

合いました。そこから、一気に視界が開けたのです」（河田氏）

大社の杜みしまのプロジェクトが稼働し始めたころ、街をプロデュースする企業にふさわしいよう、社是やロゴを一新。社員の意識改革にも乗り出した。まず、職種や階層により、さまざまな研修を実施。例えば、入社した社員全員に、会社のミッション・ビジョンや行動指針が浸透するよう取り組んでいる。また、九月の土曜日・日曜日に行われる、大社の杜みしまのイベントを新入社員に担当させる研修も行っている。自分たちで企画を立案し、コンセプトやターゲットを決めて、イベントに利用する商品や人の手配、集客のためのチラシ作成やメディア対策、運営も手掛けるのだ。新入社員は職種に関係なく、毎年この研修を通して、さまざまな学びを得る。

「当社の事業は施設を造るだけではなく、お客さまが来場して楽しく過ごしていただけるようにすること。その役割を全社員が肌で感じるように、施工部門の新入社員も含め、全員に参加してもらっています」（河田氏）

伊豆ゲートウェイ函南はすでに順調な滑り出しを見せている。飲食や物販だけでなく、大社の杜みしまで培ったノウハウを生かした一五〇（年間計画）にも及ぶイベントが人気を呼び、一年間で来館者数は一三二万人を突破。目標だった「年間来場者数七〇万人」の約二倍を達成している。

加和太建設の「街を創る」「街を活かす」事業はこれだけでない。新たなプロジェクトがすでにいくつか立ち上がっている。一つは三島市内にある幼稚園の跡地を利用した市民の新たな交流拠点を整備するプロジェクト。同プロジェクトは、加和太建設が三島市から土地と建物を借り受け、NPO法人みしまびとに運営を委託するというものだ。

「旧幼稚園の跡地という特性を生かして、市の将来を担う人材を育てる場にリノベーションします。キッチン付きレンタルスペースやコワーキングオフィス、高校生の部室、ギャラリーなど多彩な設備を造る予定です。また、運営をNPO法人に依頼したのは、このプロジェクトを通じて、まちづくりに関わる人を増やしたいため。また、当社にノウハウがない場合は、社外とコラボレーションしながら地域が活性できる拠点づくりをしていきたいと考えています。社外組織の活性化につながり、最終的には地域振興に役立つはずですから」（河田氏）

もう一つは近隣の富士宮市と進めているプロジェクトだ。同市には富士山信仰で知られる世界遺産の富士山本宮浅間大社があるが、この近隣も三嶋大社と同様に、現在は昔のようなにぎわいがないという。そこで地域の資源や食材を生かした食の拠点づくりを富士宮市と進めているのである。

富士山といえば清涼な湧き水で知られる。この自然の恵みを利用して造る地ビールの製造設備や、地元の食材が食べられるブルワリーレストランを計画している。富士宮市から約一四五〇平方メートルの市有地を借り受け、延べ床面積約四二〇平方メートルの施設を建設・運営するという（二〇一九年三月に開業予定）。併せて、この近隣の休業中の旅館を再生させ、ゲストハウスとして整備する計画も進められている。

また、隣町の長泉町にある「桃沢野外活動センター」などの四施設の指定管理者にも選定され、二〇一八年四月から管理をスタートさせた。

三島市を中心に近隣地域で複数のプロジェクトを進行させている加和太建設。「街を元気にする」という使命を見いだした同社の勢いは、さらに加速しそうだ。

成功要因の着眼点

◎三方よし経営の実現

民間事業では、企業が特定の顧客だけを対象にサービスを提供し、利益を得ても何ら問題はない。しかし公共施設を運営し、サービスを提供するコンセッション事業においては、地域や社会など不特定多数の人々が公平に便益を享受できる公益性が強く求められる。公益を追求しながら私益も得るというバランスが重要である。

したがって、企業がコンセッション事業を進めるに当たっては、近江商人の経営哲学「三方よし」（「売り手よし」「買い手よし」「世間よし」）の実現を目指す必要がある。つまり、売り手と

図表3-5　コンセッション事業のモデル例（前田建設工業）

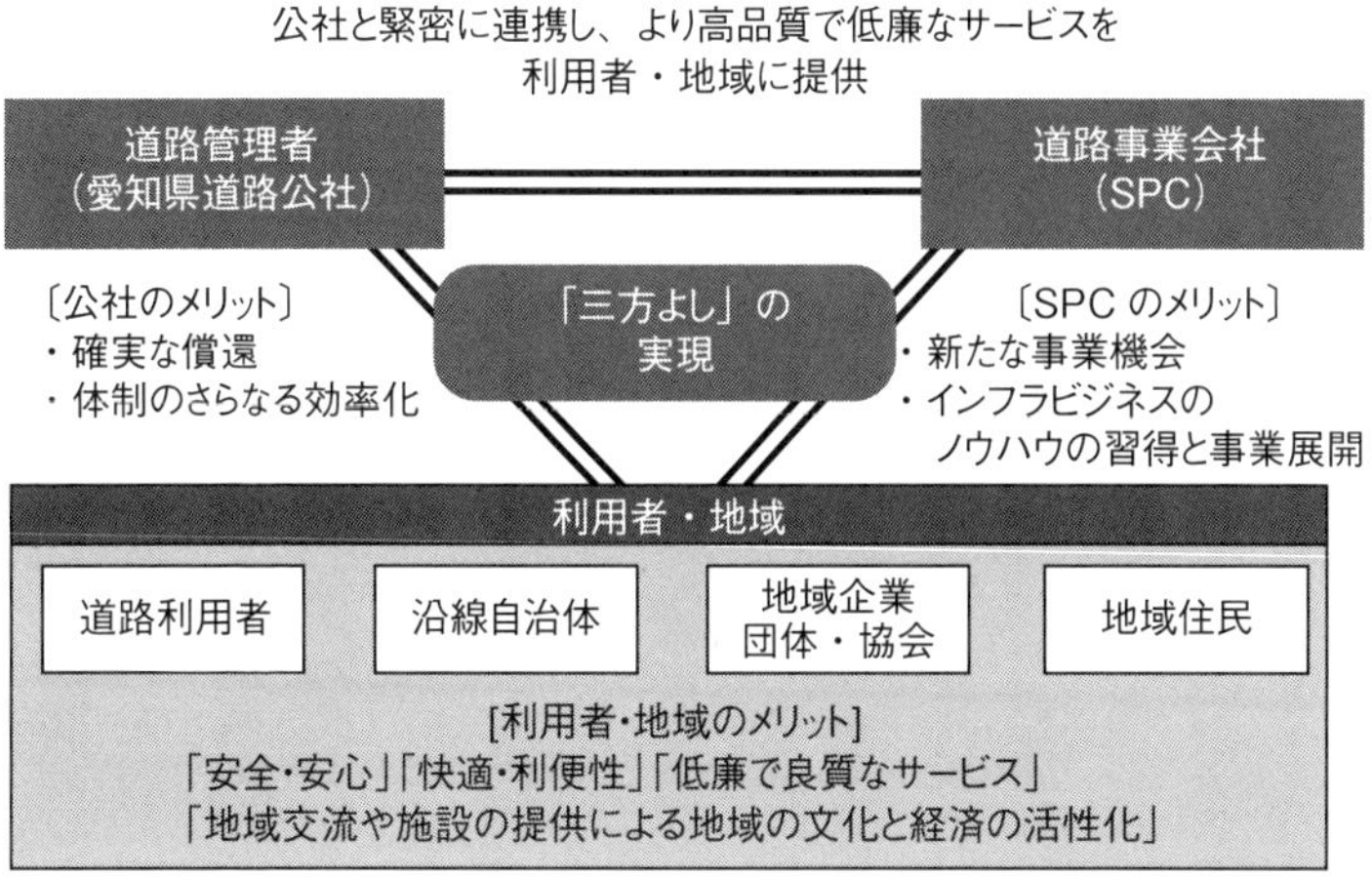

出典：国土交通省資料

買い手が共に満足し、その結果、社会貢献につながって世間が満足する。前田建設工業の例でいえば、愛知県道路公社（運営権対価の最大化）と前田グループ（運営事業者の経営安定化）が共に満足し、利用者（利用料金の低廉化）も満足して地域経済の活性化につながるということである（【図表3-5】）。

◎企画力（運営力）

商売で売り手と買い手が満足するのは当然であるが、社会に貢献できてこそ真の商売といえる。こうした「三方よし」経営を実現するためには、利用者・地域がメリットを得られる企画力と運営力が問われる。

行政が最も求めるのは、民間の手によって施設・サービスが提供されることで、地域交流や文化・経済の活性化が図られることにある。一方、民間企業としては、投資案件に対して施工事で利益を上げ、または運営・維持管理によって運営利益を上げ、その後に収益性、事業性を伸ばすことで、投資案件の価値を上げることが求められる。

そのためにも、サービスの企画や施設の運営が行える人材を採用する、もしくはほかの企業とアライアンスを組むなど、不足するノウハウをどこから吸収するかを決めておく必要がある。

◎収益性の拡大(新たな事業機会の創出)

既存事業の立て直しだけではなく、新規事業の機会創出による収益性の拡大も重要である。

例えば、コンセッションの事例が最も多い空港運営の民間委託では、収益拡大のため周辺地域の魅力を高めるとともに、海外ＬＣＣの誘致を進めるなど旅客需要の拡大を図っている。

また、旅客ターミナルビルを改修し、新たにショッピングエリアを形成して施設そのものの魅力を高め、テナント料収入につなげる。あるいは、周辺の観光地へのアクセス（バス増便）を強化して周遊イベントを実施し、周辺地域のにぎわいを創出するといったことで収益化に取り組む動きが見られる。

コンセッション事業においては、施設周辺の地域関係者との連携・協働が不可欠である。地域の魅力を発掘したり、空港と地域商工業者との連携を進めたりといった、ブランディングやプロモーションなどのマーケティングの巧拙が成功の鍵となる。

i-Construction（アイ・コンストラクション）型モデル

モデルの概要

国土交通省は二〇一六年から、建設現場の生産性向上を目的に、調査・測量から設計、施工、検査、維持管理・更新までの全ての建設生産プロセスにおいてICT（情報通信技術）を活用する「i-Construction（アイ・コンストラクション）」を推進している。二〇一六年度にはICT土工対象工事（**【図表3-6】**）として一六二五件を発注し、うち五八四件において実施した。この背景には、コマツや日立建機を中心とした建設機械（建機）メーカーが、「スマートコンストラクション」として一三〇〇の工事現場でICTを導入したこともある。

現在、ICT化の展開としては、BIM（ビルディング・インフォメーション・モデリング）、CIM（コンストラクション・インフォメーション・モデリング）の活用など、システム、UAV（ドローン）を含むICT建機の導入が進められている。

BIMとは、調査・測量から設計、施工、検査、維持管理・更新までをワンストップでマネ

図表3-6　ICT土工の施工イメージ

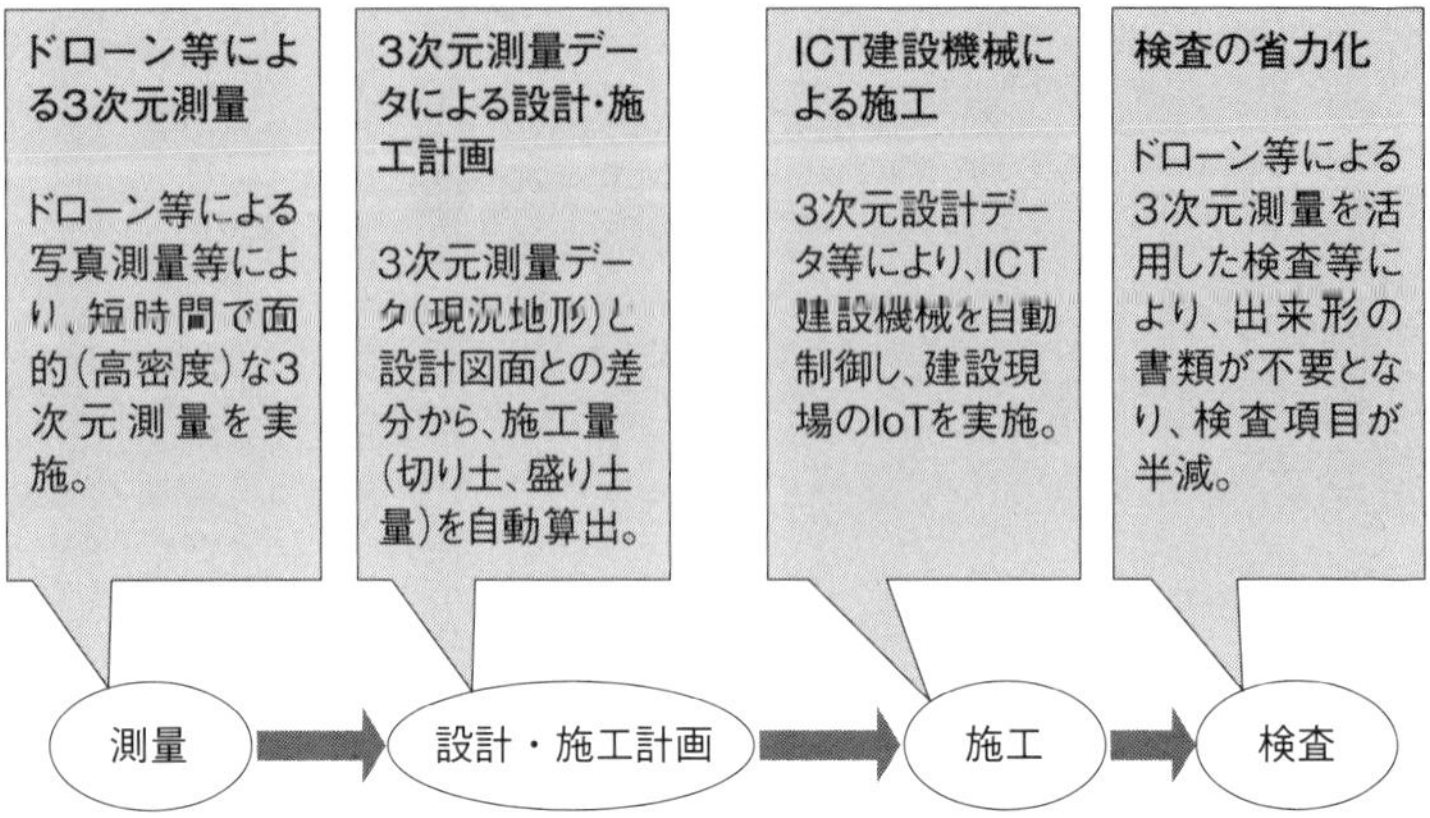

出典：国土交通省資料

ジメントできるＩｏＴ（モノのインターネット）の手法である。建築の生産性を大きく向上させる技術として期待されており、川上の企画・設計段階から川下の施工段階まで一貫してＢＩＭデータを活用することによって、最大の効果を出すことができると実証されている。これは逆にいうと、特定のゼネコンと専門工事会社間のみの共通化は、効率的ではないということだ。

　ＢＩＭを有効活用するには、ゼネコン、専門工事会社、ＢＩＭソフトベンダーが連携して、施工段階のＢＩＭの仕様と利用方法の標準化を推進する必要がある。ただ、業者間の調整や温度差、建設業界における多重構造が、ＢＩＭの推進を遅らせている大きな要因といえる。ＢＩＭモデルの活用のメリットとしては、顧客の囲い込み、生産性改善、トータルマネジメント力の向上などが挙げられる。また、ドローンなどによって取得した三次元測量データから三次元設計データを作成し、それを用いてＩＣＴ建機で施工するといったことが、建設業における新しいモデルとなっている。

例えば、日本ではインフラの老朽化、自然災害の頻発が大きな課題となっている。そこで、人が近づくことが困難な災害現場でも調査や応急復旧を実施できる「インフラ用ロボット」の開発・導入が二〇一四年から進んでいる。特に橋梁、トンネル、ダム・河川、災害状況調査、災害応急復旧の分野ではさらに進行している。

中堅・中小企業におけるＩＣＴの先進モデルとして展開しているのが、後述する砂子《すなご》組である。行政からも中堅・中小建設業におけるＩＣＴのベンチマーク企業として選定されている。具体的には、道路改良工事などの施工現場において、ドローンを使用して空撮した測量や進捗確認を行うなど、ＩＣＴ技術を活用している。

企業事例

北海道の地場の建設企業が全国から注目されている。札幌と旭川のほぼ中間に位置する空知郡奈井江町に本社を構える「砂子組」（砂子邦弘社長）である。同社の建設現場には、全国の行政機関や同業者の見学希望が後を絶たないという。

その理由はＩＣＴを活用した先進的な施工方法にある。国交省がＩＣＴを活用した「情報化施工」の推進を打ち出したのは二〇〇八年。その翌年に、砂子組は施工現場でＩＣＴ活用を取り入れ、進化させていった。

「実はそれ以前にもＴＯＣ（制約理論）に基づき全体最適の観点から開発された『クリティカルチェーン・プロジェクトマネジメント』という、人間心理や行動特性を考慮し逆算方式によりつくられる工程管理手法を導入するなど、当社には新しい施工管理方法を取り入れる企業文化がありました。少子高齢化で人手不足が深まる状況を考えると、ＩＣＴの活用という選択は自然な流れでした」

そう説明するのは、同社の企画営業部部長兼ＩＣＴ施工推進室室長の真坂紀至氏だ。三次元（３Ｄ）ＣＡＤを活用し現場を３Ｄ化することで、視覚的にも分かりやすくなり、業務の効率化に大きく寄与した。そしてマシンコントロール（以降、ＭＣ）の導入によって、現場で効率的な仕事ができるようになったという。

ＭＣは、ブルドーザーなどの重機に設計データを取り込み、ＧＮＳＳ（全地球航法システム）などによって重機の位置情報を取得しながら、３Ｄデータに沿って工事を進める方法である。従来は、ブルドーザーを操作するオペレーターが路面などの高さを目視で確認し、何度も測量していた。ＭＣでは施工面の高さを自動的に測定して施工できるため、工事の進捗が格段に早くなるメリットがある。職人やオペレーターのスキルに関係なく均一な品質の工事が可能になる。

二〇一五年には、カメラを搭載したドローンを飛ばして上空から高精度な測量を行い、3D化する方法も初めて取り入れた。

このように、工事の各工程でICTを活用してきた経験が、「道央圏連絡道路　千歳市　泉郷改良工事」（二〇一六年）で発揮された。同工事ではドローンによる測量を行い、その測量結果や設計の3DデータをICT建機に取り込んで効率的な施工を実現。国交省が二〇一六年三月から推進する「i-Construction対応型工事」の全国第一号工事に認定され、二〇一七年一二月には当年度に創設された「i-Construction大賞」で国土交通大臣賞を受賞している。

土木工事で蓄積したICT活用ノウハウは、同社の建築部門や資源部門にも生かされているという。

「バックホウなど重機で行っていたICTによる自動制御を、分譲マンション建築の基礎工事で使用する杭打ち工事や掘削工事に応用しています。ただ、街なかで行うマンション工事の場合はドローンを飛ばせません。そんなときは、GNSSを利用した測量機器やトータルステーション（距離と角度を測定できる測量機器）を利用するなど、状況に応じた施工を行っています」（真坂氏）

建築工事では施工物件の検査でもICT化を進めている。例えば、工事が終わると図面通りに施工ができているかを検査する専用様式の書類があり、従来はこれを関係各所に送るため紙で数十枚もコピーしていた。今ではシートに基づいてタブレットで検査・集計を行い、一斉メール送信に切り替えることで業務を大幅に効率化した。

砂子組では、さまざまなICT活用を行っているが、「ICTの活用自体が目的ではない」と真坂氏は言う。生産性を上げるための一つの手段として取り組んでいるのだ。

そして、もう一つの理由が「人材の確保」である。少子高齢化に伴う人手不足を嘆く声が、さまざまな業界から上がっている。中でも、建設業界は深刻だ。若い人にとっては、「建設業＝3K（きつい・汚い・危険）」であり、古い体質の業界というイメージが付きまとう。そんな人手不足を解消する手段としても、ICT活用は効果があると真坂氏は語る。

「建設業の現場が大きく変わってきていることを、若い人にもアピールできます。これからの建設業界に希望を持つ若者を増やしていくことにつながるはずです」

その言葉を裏付けるように、砂子組は工業高校や専門学校・大学からの見学者が多い。そうした見学者の中から、多数の社員が入社しているという。多くの建設企業が人手不足に頭を抱える中、同社はICT活用が採用活動にプラスの効果を及ぼしている。

とはいえ、ICTの活用による情報化施工は課題もある。現場によって条件が異なるため一概にはいえないが、測量の工程で半減、施工でも約二割の効率化を実現した一方、工事コストは逆に二、三割上がっているのだという。

「ICT関連の機械が高額だからです。確かに工事そのものは効率的になりましたが、初期投資が膨らんだ分、コスト高という結果になっています。もっと情報化施工が浸透すれば機械自体も安くなってコスト面の課題も解決できると思いますので、早くそうした状況になることを期待しています」(真坂氏)

そしてICT活用を生産性向上へつなげるには、大切なポイントがあると真坂氏は指摘する。「クリティカル上にある作業の効率化」である。測量から納品まで膨大な工程の全てをICTに頼ると、かえって非効率になるという。ICTが効果を発揮するのは、仕上がり位置の測定や施工などに限られる。つまり、ICTを活用する工程と、従来の方法で行う工程を適切に切り分けることが、効率的な施工につながるというわけである。砂子組は早い段階からICTを活用した施工に挑戦したため、工程を切り分けるノウハウを蓄積することができた。

一方、自社単独での取り組みだけでなく、施工に関わる他社や発注者などとの連携によって、工程の無駄を省くことも欠かせない。全体的な視点でいかに工程の無駄を省けるかが、今後の建設業界に求められると真坂氏は語る。

「公共工事の予算が削られる中、無駄を省くことは重要です。しかし、建設会社だけで完結できるものではありません。書類の重複や工程管理の在り方も工夫次第ではもっと効率的になるはず。そのために工事の発注者（施主）、設計事務所（設計コンサル）、建設会社が共通認識を持ち、三者がそれぞれ協力しなければなりません。ですから当社では、設計者と情報共有して施工工程を把握した設計をしてもらうなど、連携強化を図っています」

こうした立場を超えた連携こそが無駄な業務を省き、コスト削減を実現して建設業界全体を活性化させる。その一環として、砂子組は今後もＩＣＴを活用して施工精度や効率性を上げていく方針だ。

成功要因の着眼点

建設企業の生産性向上、また人材不足を補う上でも、ＩＣＴの活用は突破口となる。ただ、建設工事におけるＩＣＴ化は、欧米諸国やシンガポールが先行し、日本は出遅れている状態だ。ＩＣＴと聞いて及び腰になる建設企業も多い。ＩＣＴの活用を提案すると、経費（コスト）ばかりを気にする経営者がほとんどである。しかしＩＣＴは「時間と人手不足を経費でカバーするツールなのだ。あくまで「経費で時間を買う」という視点から、「戦略投資」という位置付けでＩＣＴの活用を捉えていただきたい。

筆者が建設業の経営者とディスカッションをする中で、i-Constructionの取り組みについて話が及ぶことも少なくないが、「土木中心の技術では？」「ＩＣＴの技術は、大規模現場、大企業にしか活用できない」などのイメージを持っている経営者が多い。

だが、これは大きな間違いである。中堅・中小建設業においても活用事例は多くある。そもそも政府が進めているi-Constructionは、小規模の現場でも活用することが本来のあるべき姿なのだ。まず、自社が対応できる部分からＩＣＴに取り組んでみていただきたい。ＢＩＭ・ＣＩＭについても同様である。いきなり建物全体を対象にするのではなく、効果が期待できる部分からやってみることだ。

現在、ＩＣＴ関連のソフトウエアベンダーやシステムベンダー、サービスを提供している企業は多くある。既存のソフトやシステムをうまく活用しながら、自社向けにアレンジすると最も早く展開できる。一から自社で取り組むのではなく、ＩＣＴ専門企業とともに取り組むのがよいだろう。

ＩＣＴの技術進化は早く、取り組んでいるかいないかで、一〇年後には大きな開きが出てくる。「できることから、まずやってみる」という姿勢で臨むことが成功のポイントといえる。

技術開発型モデル

モデルの概要

このモデルは、技術開発を軸とした独自のソリューション型ビジネスモデルを構築し、全国に展開するというものだ。

土木中心の地方ナンバーワン企業N社の経営者は、「わが社が地方から脱却し、全国へ展開するためには、突き抜ける固有技術がない限り、全国以前に県外進出すら難しい。特別にわが社を選ぶ理由がないと、コスト競争に陥ってしまう」と言っていた。例えば、県外や全国へ展開する場合、特殊な施工方法を自社の固有技術やノウハウとして持っている、自社開発した建機などライバルにはない技術を保有している、といった何らかの「自社を選んでもらうポイント」が明確でなければならない。

人口減少・歳出削減が加速する地方の限定市場で事業を続けていると、やがて成長の壁が現れる可能性が極めて高い。かつて地場の建設業は膨大な財政投融資を背景とした公共事業に支えられ、安定産業の代名詞だったが、今後は中堅・中小建設業においてもエリア越境時代が到来することを想定しておく必要がある。

とはいえ、建設マーケットにおいては、首都圏と地方圏の戦い方がまったく異なる。特に地方圏の中堅・中小建設業の場合、自社だけが保有している施工技術や、自社ならではのノウハウなど、エリアを越境していく基盤となる固有技術を有していないケースも多い。その場合、独自の技術開発力を構築していくためには、大きく三つの方法が考えられる。

一つ目は、フランチャイズ（FC）契約を結び、他社の固有技術（ノウハウ）を自社のノウハウとして構築していく方法である。新規事業や新規分野へアプローチする場合、もともと存在しているノウハウをお金で買う方法は、合理的な方法といえる。

二つ目は、技術やノウハウ、多彩な人脈を持つ人材を採用し、自社内へ導入する方法である。ただし、一人ができる範囲は限られている。中小建設業においては有効な手段であるが、中堅建設業の規模になると、M&Aの実施も検討すべきだ。例えば、工場建設に関わる企業であれば、設備に関するノウハウを獲得するため、設備メーカーを買収するといったことだ。

三つ目は、自社の固有技術（専門性）が明確な場合、他社の技術やノウハウを組み合わせることで、新しい技術やノウハウをつくり上げるという方法がある。産学連携などが一般的によくいわれるが、中堅・中小建設業においても、企業間連携や大学、研究機関との連携によって、技術と技術を組み合わせ、新たな技術・ノウハウをつくり上げるケースも多く存在し、重要なポイントといえる。いずれにせよ全国展開する場合は、他社とは何か違う技術・ノウハウなど、突き抜ける価値が必要となる。

これら三つのいずれを選ぶにせよ、最も大切なのが「自由闊達に開発する組織」である。技術というものは、初めのうちはどんなに目新しくても、必ず時代とともに陳腐化していく。この陳腐化を防ぐためには、技術を開発し続ける組織風土が重要となる。

中堅建設業O社は、小売店舗の設計・施工を得意としている。その会社は、新規物件を受注する際、あえて技術的なハードルが高い物件を受注するという。新技術を開発していくにはブレークスルー（技術の壁の突破）が必要となる。ハードルの高い物件を受注することで、技術の進化や工夫が生まれるのである。

また、「全社開発運動」も進めるとよいだろう。現場の課題を吸い上げて、技術開発部隊へとフィードバックする。そのことによってさらに技術が進化する。このような組織風土を構築するために必要なのが、技術開発型の評価制度である。失敗をなくすことよりチャレンジすることに重点を置くとともに、例えば「開発改善提案件数」を評価基準に盛り込むといったことである。もちろん、技術開発に対する戦略投資も忘れてはならない。

企業事例

戦後日本を代表する建築家の一人、黒川紀章氏の出身地である愛知県海部郡蟹江町に本社を構える「加藤建設」(加藤徹社長)は、一九一二年に創業した〝一〇〇年企業〟の建設会社である。

同社は、中層混合処理工法のパワーブレンダー工法に代表される地盤改良技術をはじめ、都市型地下構造物を構築する圧入ケーソン技術・アーバンリング(分割組立型土留壁)工法といった新技術の開発に積極的に取り組み、全国で数々の実績を築いており、高い評価を獲得している。また、建設事業に伴う環境負荷の低減・解消に向けて、土壌浄化など環境に配慮したVE提案の実施や、自然の力を生かす技術開発に取り組むとともに、「エコミーティング」(後述)を提唱しており、全国への普及に努めている。

業績面では、年商(完成工事高)約二〇二億円、経常利益約一八億円、経常利益率は八・八%(二〇一七年九月期)と高収益を誇る。さらに、自己資本比率は六八・〇%と安定性にも優れ、およそ二〇年前から無借金経営を続けている。

事業内容は、「コンストラクト事業(土木・建築)」「ジオテクノロジー事業(地盤改良)」「アーバン・イノベーション事業(圧入ケーソン)」の三事業で構成される。年商に占める各事業の売上割合は、コンストラクト事業とジオテクノロジー事業がそれぞれ約四割、アーバン・イノベーション事業は二割となっている。

同社の歴史は水害との戦いであった。同社が立地する愛知県南西部は「東海の潮来」といわれる水郷の町で、海抜ゼロメートル地帯である。地下水位が非常に高い軟弱地盤であり、古来より浸水被害に悩まされてきた。この厳しい環境を克服するため、同社はパワーブレンダー工法など数々の地盤改良技術の開発を手掛けた。

また、積極的な工法開発とともに同社の大きな特徴となっているのが、二〇〇九年から始めたエコミーティング活動である。これは加藤徹氏が社長就任以来、注力している取り組みで、自然環境への配慮を工事に反映させていく活動である。具体的には、工事開始前に現場内や現場周辺を調査し、それを受けて工事・営業・技術・環境担当のほか、事務部門や女性社員も加わりミーティングを行う。そして自然環境と住民環境、コミュニティーづくりに配慮した、工事現場づくりのための「提案書」を作成する。

その提案書を基に、現場の生態系を表した「環境掲示板」を掲示し、周辺住民への啓発を行うとともに、希少生物の保護や巨木の伐採回避、ヨシ原の再生などを行い、可能な限り生態系の保全・復元に努めている。生態系保全に手腕を発揮するビオトープ管理士は一四一名（二〇一八年四月現在）と、従業員数の約五割に及ぶ。こうした同社の取り組みは各方面から高く評価されており、二〇一二年には「愛知環境賞」銀賞（愛知県）を、二〇一五年にはグッドライフアワード「環境と企業」特別賞（環境省）、このほか「中部の未来創造大賞優秀賞」（国土交通省中部地方整備局、二〇一六年）、「生物多様性アクション大賞2017環境大臣賞」（国連生物多様性の10年日本委員会、二〇一七年）などを受賞している。徹氏は、自らビオトープ管理士の資格を取得し、エコミーティング活動の全国普及に取り組んでいることも特筆に値する。

全国有数の軟弱地盤という悪条件と、時流を捉える目利き力を持った三代目社長・弘氏（現社長・加藤徹氏の父）の存在が、地場建設企業共通の課題である「差別化の壁」「全国展開の壁」を突破する同社の原動力となったことがうかがえる。

弘氏は、地元を商圏とする中小工事企業の成長の限界を強く認識し、独自技術を獲得して競合他社との差別化を図り、全国へ展開することを志向していたという。その足掛かりとして舗装事業に取り組み、一九七五年に国産第一号のライムミキサーを購入。一九七八年には、バックホウとライムミキサーの融合による「ハードマットスタビ工法（三メートル程度の深さのヘドロ土壌の改良を行う機械を使用）」を独自開発したことが契機となり、同社の看板工法「パワーブレンダー工法」の開発につながり、地盤改良事業を確立した。

一九七一年に愛知県で圧入ケーソンの初期技術であるPCウェル工法が導入されると、一九七三年には同工法機材を購入して自社施工に着手。一九九一年から鋼製セグメントを用いた独自技術の「アーバンリング工法」を開発し、事業の三本柱の一つに育てた。このように、ある工法が全国に普及する初期から取り入れるとともに、段階的にオリジナルの工法開発へ結実させていった。

この背景には、同社の開発に対する強いこだわりがある。開発型の組織風土をつくるために、全社で実施している「技術・アイデアコンテスト」はその一つである。現場のアイデアや工夫、発想を吸い上げるだけでなく、社員の開発に対する意識を向上させる取り組みになっている。また、特殊工事を中心に事業の柱として立ち上げることができた背景には、社内だけでなく、企業間での共同研究も実施している点にある。事業の柱であるアーバンリング工法については、PCウェル工法の機械を、中古で買ったところからスタートしているが、その後、一九九五年に「アーバンリング工法研究会」を立ち上げるなど、協力会社と工法普及活動を行っている。

さらに技術工法の開発だけではない。創業一〇〇周年を機に「建設業を変えたい!!」との思いから、まずルックスから変えようとユニフォームのリニューアルを企画。名古屋モード学園とのコラボレーションで「インフラクリエータースタイリッシュ化プロジェクト」を実施している。

同社は、特殊工法開発という「ハードパワー」と、自然との共生という「ソフトパワー」の融合により、「ソリューション型ビジネスモデル」を確立。さらに技術開発のみならず、ユニフォームまで全社を挙げて取り組む同社は、技術開発型モデルの典型的な企業といえる。

成功要因の着眼点

技術開発型モデルを目指すためには、大きくポイントが三点ある。

◎新たなものを生む組織風土

事例企業のように、技術開発型の組織をつくるためには、全社を挙げて開発に取り組む仕組みが必要となる。現場での課題をつかみ、社内に落とし込む。さらには、部門の枠組みを飛び越えて開発提案するなど、全社が一体となって取り組んでいくことである。

◎課題解決力

課題を解決するためには、技術的課題の壁をブレークスルーする必要がある。しかし、その一方で、中堅・中小建設業においては、自社が保有している技術の枠組みの中だけでは、課題を解決できないことも多い。そのため、産学連携などほかからの技術を取り入れることで、新たな技術と既存の技術を融合し、課題を解決していく必要がある。

もちろん、第三者とタッグを組むだけで、勝手に課題が解決していくわけではない。アイデアが必要だ。そのアイデアを発想する手法として「オズボーンのチェックリスト」というものがある。

●オズボーンのチェックリスト

〔転用〕新しい使い道は？　他分野へ適用できないか？

〔応用〕似たものはないか？　何かのまねはできないか？

〔変更〕意味、色、働き、音、匂い、様式、型を変えられないか？

〔拡大〕より大きく、強く、高く、長く、厚くできないか？　時間や頻度など変えられないか？

〔縮小〕より小さく、軽く、弱く、短くできないか？　省略や分割ができないか？　何か減らすことができないか？

〔代用〕人を、物を、材料を、素材を、製法を、動力を、場所を代用できないか？

〔再利用〕要素を、型を、配置を、順序を、因果を、ペースを変えたりできないか？

〔逆転〕反転、前後転、左右転、上下転、順番転、役割など転換してみたらどうか？

〔結合〕合体したら？　ブレンドしてみたら？　ユニットや目的を組み合わせたら？

これらの項目に基づいて発想を膨らませ、課題の解決につなげていただきたい。

◎**戦略投資**

技術開発で成果を上げている中堅・中小企業を見ると、「一点突破開発」で成功しているケースが目立つ。逆に、あれもこれも手を出しすぎ、全てが中途半端になっている企業も多い。したがって、自社はまず何に投資するかを決め、戦略投資する必要がある。また、戦略投資は継続性が大事であるが、一方でどの段階で撤退するかも最初のうちに決めておく必要がある。

もう一点は、投資を続けていくための収益性の確保だ。一、二年おきに赤字を出しているようでは、安定的に投資ができない。ある開発型の建設業においては、経常利益率の五％以上は、開発投資に回す、もしくは年間二億円はＩＣＴ開発投資に回すなど投資金額を決めている企業もある。開発投資を継続することによって、高収益構造に変える。それがさらに開発投資を促し、また高収益につながるという善循環のサイクルをつくり上げる必要がある。

グローバル型モデル

モデルの概要

日本経済は東京オリンピック・パラリンピックが開催される二〇二〇年まで、インバウンド需要や建設投資などの内需を中心に、堅調に推移すると見られている。ただし、建設投資における需要は、オリンピック一年前の二〇一九年から市場は衰退する可能性が高い。

もう一つ、押さえておくべきポイントは、人口減少に加え、二〇二〇年以降は世帯数が減少に転じることだ。二〇二五年には、新設住宅着工戸数が六〇万戸台まで減少する可能性がある。これは、二〇一六年度（九七・四万戸）の市場規模から四〇%近くが消失するということを意味している。

さらに注視しておかなければならないのが、生産年齢人口の減少である。グローバルに見た場合、生産年齢人口が減少する国で、経済が成長している国はない。労働力不足とともに、日本経済の衰退、さらには首都圏と地方の格差が進む。

一方、世界の人口は増えていく。総人口は約七三・五億人（二〇一五年）から、二〇二〇年には七七・六億人、三〇年には八五億人に達すると見込まれている。そして人口増加の主役は、経済成長が著しいアジアである。国内は頭打ちでも海の向こう側ではマーケットの拡大が続く。国内市場は今後も縮小傾向が続く可能性は高いが、海外は新興国のインフラ投資を中心に市場の拡大が見込まれている。

第2章でも述べたように、世界の建設企業の国外売上高ランキングでは上位三〇社中、日本企業は三社にとどまるなど、海外マーケットにおける日本の建設業の存在感は薄い。だが、スーパーゼネコンをはじめ、設計コンサルティング業、工事専門業、不動産業に至るまで、建設関連企業が中長期的に成長戦略を描くためには、グローバル戦略を外すことはできない。大手企業の中には、受注総額に占める海外比率が三割程度に達する企業も存在しており、国内市場の縮小を補うため、昨今は各社とも海外展開を重点施策として注力する方向を鮮明にしている。中期経営計画で海外売上高を二〜五割増へ伸ばす数値目標を掲げている企業も多くある。

もちろん、これは大手企業だけでなく、中堅・中小企業においてもグローバル展開を視野に入れておかなければならない。国内でビッグプロジェクトに参加するチャンスはなかなか巡ってこないが、技術力を重視する海外では圧倒的にチャンスが多い。事実、後述するＪＥＳＣＯホールディングスは、「中堅・中小建設企業こそ海外にチャンスがある」と提唱している。

企業事例

「JESCOホールディングス」は、ICT・IoTの通信設備や基幹エネルギーの電気設備といった社会・産業インフラのEPC（Engineering Procurement Construction）に関わる総合エンジニアリング事業を、国内から東南アジアへと展開している。

同社の会長兼CEO松本《まつもと》俊洋氏が工場団地の視察でベトナムを訪れたのは一九九〇年のことだ。そこで出会ったのが、貧しくともよりよい暮らしへの希望を抱く人々の「輝くまなざし」だった。自らが社会人の一歩を踏み出した昭和三〇年代、日本の街角にあふれていたまなざしと似ていた。ベトナムにも、発展を遂げるパワーと魅力あるステージがある――そう確信したという。

そして今、電気・情報通信・大型映像設備の設計・施工・保守を手掛けるEPC事業を基軸に、国内はJESCO CNS、海外はベトナムに現地法人三社を展開。さらにマレーシアの業務提携先や二〇一五年に新設したシンガポール駐在員事務所など、東南アジア全域のビジネスへと飛躍を遂げている。

実は、同社の海外進出のチャンスはベトナムより先に、マレーシアで生まれた。日本でバブル経済が崩壊した一九九二年、世界一の高さ（当時）のクアラルンプールシティーセンター（K

ＬＣＣ）ビルの施工監督に社員を派遣。竣工後、現地企業と合弁会社を設立したのだ。その直後、マレーシア政府から地下鉄工事の駅舎と線路管の工事を受注する。

「日本の公共事業は、どんな立派な企業であっても過去に実績がないと発注しません。初仕事で実績などあるはずがないのに、実に不公平。小さな会社が大きくなれない仕組みです。でも海外では、初めて進出してきた私たちのような企業にも、チャンスが与えられる。驚きました し、うれしかったですね」（裕本氏）

もちろん、チャンスを生かすだけの実力があればこそ、である。合弁会社のトップには、ＫＬＣＣに携わった社員を配置。ＫＬＣＣでの仕事ぶりが高く評価され、「彼がいる企業なら大丈夫！」という信用を築いたことも大きかった。

「誰がどんな仕事をするかを見て、実力を認めてくれる。逆に言えば、立派な看板があっても実力がなければチャンスはないし、現場の人も動かない。それが世界のスタンダード。だからいつも言うんですよ、こんなに恵まれた環境なのに、日本の経営者はなぜアジアへ行かないんだろう、ってね。語学力を理由に二の足を踏むトップは意外に多い。恥をかきたくないと思うあまりに、経営者として一生恥をかくことを選ぶのは、残念な話です」（裕本氏）

ＪＥＳＣＯは、ハノイ・ノイバイ国際空港の第二ターミナルや、ホーチミンのタンソンニャット国際空港の新旅客ターミナルの施工を担当するなど、ベトナムのビッグプロジェクトに次々と参画し、実績を重ねてきた。ノイバイ国際空港では電気設備の設計、施工管理、施工を担当。二〇一六年に一般財団法人エンジニアリング協会よりエンジニアリング功労者賞（国際貢献）を受賞したほか、二〇一八年四月には石井啓一・国土交通大臣より「第一回JAPANコンストラクション国際賞」を受賞した。

その原点は、国内で培ってきた独自のビジネスモデルにある。ゼネコン系列ではない独立系企業として業界では後発だが、ニッチな分野に着眼した。原子力発電所の漏洩率検査（リークテスト）業務を礎に、原子力や電気、情報通信、デジタルサイネージなどの工事技術に磨きをかけてきた。最大の強みは、現地調査から設計、施工管理、保守メンテナンスと細分化されがちな工程フローを、ワンストップサービスのエンジニアリング企業として一貫受注できることだ。その「日本品質」が、海外では高い信用を生む源泉となる。

「原子力関連事業で厳しい安全チェックにも応えてきたこと、いち早くISO認証を取得して国際的な評価基準を満たしたことへの信用は大きい。二〇一五年には東証二部に上場し、アジアの証券市場への公開も進めやすくなりました」（椛本氏）

さらに独自の戦略と呼べるのが、現地法人には必ず、国内でも評価の高い人材を配置すること。その実力や人柄がチャンスを生むだけでなく、日本の本社が現地の足を引っ張ることなく、「現地に任せる」という揺るぎない方針を示すためでもある。

順調に利益を上げるベトナムの現地法人も当初、赤字経営が続いた。だが柗本氏は内容を吟味し、現地のリーダーに過度な圧力を与えないようにしていた。

「ベトナムの技術者もお客さまも育っていたので、そのうち損益分岐点はプラスになる、と。海外進出する日本企業に多いのが、『早く刈り取りたい』『日本を助けるために進出したんだぞ』という姿勢。それでは育つはずのビジネスも育たないし、ミスも増える。社運を懸けた進出なのだから、当面の赤字は日本で面倒を見て、責任を現地に押し付けない姿勢が大事ですね」

いうなれば、「日本品質」には安心・安全の技術力とともに、それを生かす「人」の存在も含まれている、ということだろう。

海外ビジネスを目指す中小企業にとって、大切なことは何か。その問いに対して、東京商工会議所の中小企業国際展開アドバイザーも務める柗本氏は、「根付き」と「スピード」を挙げる。

かつてタイ発のアジア金融恐慌が起きたとき、柗本氏はマレーシアの知人に「日本人学校の生徒が一カ月で半数になった」と聞かされたという。日本企業の駐在員が、家族とともに日本へ一斉に引き揚げたことが原因だった。

「儲からないと判断したらすぐに帰ってしまう。つまり、いいとこ取りの出稼ぎ。その国でナンバーワンになる日本企業が少ない理由です。必要なのは、根付いて土着する覚悟。私たちは大阪支店の開設時、賃貸物件ではなくオフィス用に中古ビルを買い取り、大阪の人に『簡単には撤退しない』とメッセージを発信しました。同じことが海外でも大切です」と桁本氏は力説する。

もう一つの「スピード」は、アントレプレナーが多く即断即決できる中小企業にアドバンテージがある。「じっくり考えて……というのは昔話の世界。特にアジアは全てにスピーディーなので、機敏でスピード感のある中小企業にこそチャンスがある、ということです」

急成長ばかり思い描くのではなく、着実にビジネスを広げ、雇用も増やし、利益を生み税金を納める。そうやって現地に根を下ろしつつ、判断や決断、行動は世界基準のスピード感に後れを取らない。そこに海外で勝負できる土壌が生まれる。

東南アジアで進展するＪＥＳＣＯの海外ビジネスは、売上高比率で約二五％を占めるまでに成長した。社員数も国内を上回る三五〇人に増え、一〇〇人超が設計・施工の技術研修で来日。取引がある日本企業の実習協力も得て、人材育成に力を入れている。またベトナム人の日本留学生も採用。すでに日本本社の中核人材に成長し、アジアとの懸け橋にもなろうとしている。

ＡＳＥＡＮ（東南アジア諸国連合）の人口は現在六億五〇〇〇万人で、三〇年後には三億人増えるといわれる。要するに今後三〇年間、人口増と経済成長で住宅も公共・娯楽施設も足りず、社会・産業インフラの充実に向けて旺盛な建設需要が続くということだ。その拡大市場でビジネスをするチャンス、トップをつかみ取るメリットは計り知れない。

「全ての設計業務は本社からベトナムへ移す予定で、品質を守りつつコストを低減し、さらに競争力を高めていきます。まずはベトナムで、次は東南アジアでナンバーワンになる礎をつくっていこうと。近い将来、国内と海外の売上高比率も逆転しますよ」

その未来展望には、ベトナムに超高層「ＪＥＳＣＯホアビンタワー」をつくる構想もある。そこから眺める市街地の景色は、桁本氏の想像を上回る発展を遂げているかもしれない。

成功要因の着眼点

建設企業が海外売上高を増加させるためには、次の三点が大きなポイントとなる。

◎トップの役割

中堅・中小建設業が海外へ進出する場合は、まずトップが動き、情報を集めることだ。トップ自らが、進出を検討している現地に飛び、情報収集や人脈づくり、パートナー選びを実施しなければならない。現在はボーダーレス化がいわれて久しいが、異なる文化・風習・言語のもとでそれぞれが生活しているだけに、他国では互いに考えていることを理解し合い、合意を得るまでに想像以上に時間がかかる。「スピードを重視しすぎた」「相手を信頼しすぎた」「現地調査など必要なコストを惜しんだ」ことが原因で、海外進出が失敗に終わった例も多い。

たとえ費用がかかるにしても、現地で自ら実地調査を行うとともに、外部機関を通じてしっかりと事前調査すべきである。例えば、現地で直接入手したパートナー候補企業の決算書と、調査会社を経由して入手した決算書は同一であるかなど、根本的に疑い、信憑性について確認する必要がある。さらには、パートナーの資金力、現地の業界での位置付け、オーナーの風評、不適切な取引をしていないかなど多面的に調査・判断した上で、パートナー企業を選ぶ必要がある。パートナー企業の選定で失敗し、プロジェクトが大幅な赤字に終わった例も多い。

もう一つ大事な点は、海外進出のための投資判断である。失敗したときの撤退判断基準を持っておくこと。その一方、赤字でも三年は目をつぶることも必要である。もちろん、海外事業の業績不振が国内事業に影響を及ぼしてはならないが、かといって急ぎすぎないことも大事なのである。

◎ブランディング

日本国内も同様であるが、海外においても最も効果的なのは、ビッグプロジェクトで実績を上げることだ。海外市場では企業の規模でなく、その会社が持っている技術力を見て、発注するかどうかを決める。そのために中堅・中小建設業でも十分チャンスがある。中堅クラスの専門工事企業が、海外の国際空港のプロジェクトのリーダーを担うケースもある。自社の得意とする保有技術は何かを特定し、ビッグプロジェクトに参画して成果を出し、ブランディングを展開して海外でのポジショニングを構築していただきたい。

◎人材育成

海外進出において、常に課題として挙がってくるのが言語の問題である。中堅・中小企業においては、日常会話レベルの英語を話せる人材の採用もなかなか難しい。さらに建設業の場合、現地の施工現場で働くメンバーに対し注意・指示しようとしても、英語が通じないという課題もある。日本国内の日本人社員に英語を学ばせるより、海外から日本に来ている留学生を採用する、もしくは現地採用の社員に日本語を覚えさせたほうが早い。

もう一点は、プロジェクトマネジメントができる人材の育成である。日本国内の場合、分業型で、協力会社を含め、施工工程における流れ作業の中で各社が分業体制を敷き、役割分担して構造物を組み上げていく。極端なことをいえば、きめ細かく各作業状況を管理しなくても、流れ作業で進んでいく。だが、海外の場合は日本国内のようにはいかない。現地協力会社の進捗状況をしっかり押さえながら、各社を調整し指示を出すことで、プロジェクトを進行させ、手待ちやトラブルが発生しないようにマネジメントする必要がある。そのためにも、海外でプロジェクトを進行させる場合、プロジェクトマネジメントができる人材を育成しなければならない。

地域ワンストップモデル

モデルの概要

現在、日本の国内マーケットは〝モノ余りのコト不足〟だといわれている。日本人はいまやモノ（商品）を買わなくなった。これは、バブル崩壊以降の景気低迷で「所得がなかなか増えないから」、あるいは生活水準の向上で「欲しいモノがなくなったから」などと説明されることが多いが、筆者は「買う理由がなくなった」のだと考えている。

終戦直後の時代は、全ての物資が不足していたため、店頭にモノを並べるだけで飛ぶように売れた。また高度経済成長期には、所得の向上を背景に余裕が生まれ、買い物を我慢していた多くの人が嗜好品を買い求めた。バブル期になると、資産インフレを背景に高級ブランド品がよく売れた。「今買わないとなくなる」「少しぜいたくをしてみたい」「見栄を張りたい」など、それぞれの時代にモノを買う理由があった。だがバブル崩壊以降、雇用悪化、所得減少、需要減退によって質素倹約の生活様式が広がった。必要なモノはすでに持っており、食べ物以外は特に買わなくても生活できる。急いで買う理由もなければ、無理をして買う理由もない。借りるという選択肢もある。

したがって、これからの企業は、モノの所有価値でなく、モノを購入・利用することによって得られる使用価値を提供していく必要がある。具体的には、顧客が何に困っているのか、その課題を解決するソリューション（コト）を提供していくことだ。建設業でいえば、一戸建て住宅というハコではなく、「高齢者に優しい住まい」を売る。リビングではなく、「会話が少ない親子に楽しい家族団らん」を売る。廃墟ビルをただ壊すのではなく、「価値あるビルにリノベーションする」などが、〝コト〟開発である。

先に述べたように、技術は時代とともに陳腐化していく。建設・土木業界においても、技術は加速度的に進化している。また、ＩＣＴの進化や施工方法の変更により、中堅・中小建設業の仕事が減ることも珍しい話ではない。技術の錬磨が一度止まってしまうと、その時点で退化が始まる。何も手を打たなければ、五年以内には陳腐化する。しかも、現在は「買えるモノは何でもあるが、買いたいコトが何もない」という、〝モノ余りのコト不足〟時代である。そうした中で今後求められるビジネスモデルは、地域に根差して課題を一手に引き受け解決する「地域ワンストップモデル」である。

各都道府県において、地域ナンバーワンモデルのポジションを築いている企業には、共通点がある。それは、特定の地域でワンストップモデルを構築している企業である。ここでいうワンストップとは、複数の窓口や場所にまたがっている手続きを一度にまとめて行えることを意味する。すなわち、個別にバラバラに存在している顧客の課題を、一手に引き受けて解決するサービスを展開する。

建設・不動産業を核にしながら、保険・広告・旅行などのサービス型事業を多角展開することで地域のまちづくりに貢献している企業もある。また、地元に徹底して密着し、一番信頼される地域スーパーゼネコンを目指している企業がある。家屋の修繕、除雪・除草、防犯・防災、緑化、インフラ維持まで引き受けるなど、地域の要望に全面的に応えている。例えば、中堅総合建設企業P社は、成長マーケットである介護分野を事業の柱とするため、サービス付き高齢者向け住宅（サ高住）へ分野を拡大している。同社は建設設計を主業務とし、サ高住の運営については企業間連携によって別会社が運営している。

企業事例

石川県金沢市に本社を置き、北陸三県における地域スーパーゼネコンとして躍進を続けているのが「トーケン」（根上健正社長）である。同社は「建設総合サービス業」を掲げ、「住」「建物」「暮らし」など地域の建設にまつわる幅広いニーズに応えるべく、ワンストップサービスを

図表3-7　トーケン「多柱経営」イメージ図

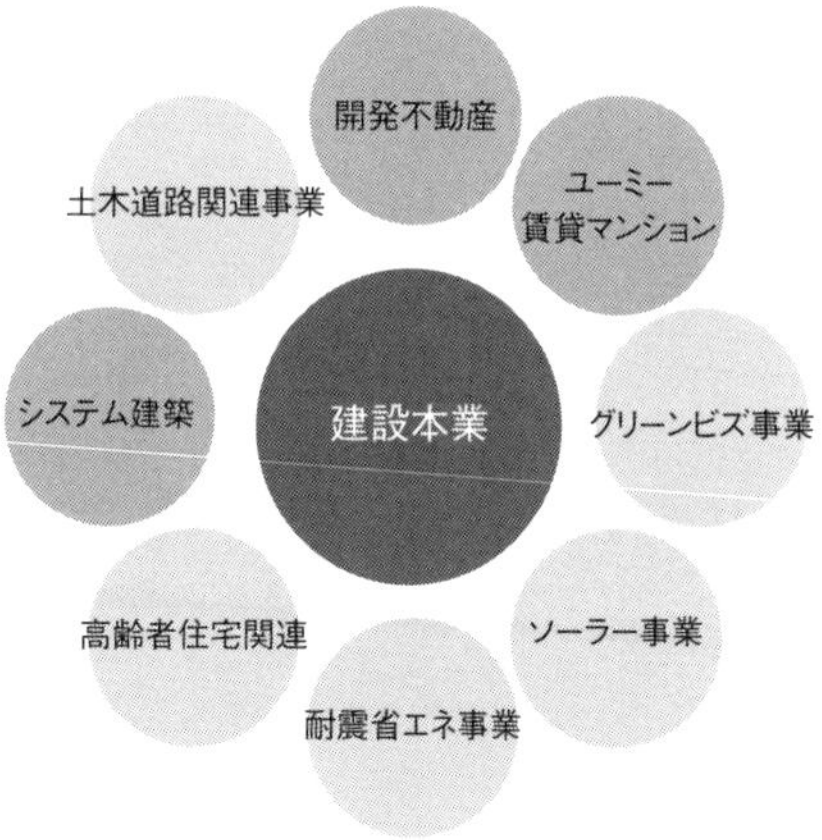

出典：トーケンホームページ

推進中である。

例えば、同社は共同住宅や企業の社員寮を建設しているが、ただ建物を建てるだけでなく、完成後の建物管理運営も請け負っている。設備メンテナンスをはじめ、入居者の入退去時の室内リフォーム・クリーニング、館内清掃、消防訓練（消火設備や避難ハッチの操作方法の講習など）まで手掛ける。企業や一般オーナーにおける管理は、メンテナンス業務に追われるなど手間のかかる仕事だが、それをアウトソーシングで引き受けることで、企業・オーナーから喜ばれているという。

二〇〇六年、招へいに応じて大手ゼネコンから同社社長に就任した根上氏は、その責を全うすべく、変化を恐れず未来に向かう企業理念「未来への胎動」を改めて掲げた。本業の建設と、幅広い関連事業をワンストップサービスで行う「多柱経営」（【図表3‐7】）、大手ゼネコンと一線を画しつつ高品質を追求する「地域スーパーゼネコン」の標榜・実践など、独自の戦略を次々と実行に移した。同時に、絶え間なく業務と組織の変革を推し進め、今日の確かな成長へと社員を導いてきた。

これらの戦略と変革の実現に当たり、特に根上氏が注力したのが、社員の意識改革だ。地方の目立たない建設会社だった時代からずっと引きずってきた矮小な意識を変え、社員が自信を持って一丸となって事業に臨むことこそが自社の発展に不可欠と考えたのである。

「企業は社員が土台であり、主役です。一人一人が仕事に喜びややりがいを感じ、『自分たちの会社は自分たちで創り上げる』という思いを持てば絶対に会社は伸びる。そのために私は歩むべき道筋を明確に示し、できるだけ経営をオープンにして『社員が主役の企業』と感じられる職場づくりに力を注いできました」と根上氏は話す。

トーケンには社員の自主性と意欲向上を図る、根上氏発案のユニークな取り組みが数々ある。例えば、技術力を上げる鍵として導入された「技師長制度」。大手ゼネコンのＯＢ技術者を指南役として招き、高度な建設ノウハウを社員に伝授する仕組みだ。これにより品質が格段にアップし、自社で手掛ける建築物の規模や種類が増大した。また、営業スタッフにノルマを課すことをしない。会社の売上げダウンは社員の怠慢でなく、経営者の戦略ミスが原因と捉えているからだ。

ユニークな取り組みの中でも特に注目したいのが、「胎動塾」と名付けられた育成制度。月に二回、全社員が集まる例会で発表者に指名された社員が、仕事についてさまざまな発表を行う育成法である。新人・ベテランを問わず、社員には根上氏が定めたテーマが与えられ、入念な準備を行ってプレゼンテーションをする。形式や方法は自由。その成果について、取締役管理本部長の岡本広志氏は次のように語る。

「資料作成から発表の仕方まで一任されるので、各人が工夫を凝らし、仕事に対する意識がひときわ高まります。プレゼン力も磨かれ、部門を超えた仕事の相互理解と情報共有にも役立つ。一石何鳥もの効果があると思っています」

こうしたオリジナルの活動に加えて社外教育も積極的に取り入れ、マクロな視点から人材育成に取り組んでいるのも同社の特徴だ。タナベ経営の幹部候補生スクールを長年活用し、社員一人一人のスキルアップに役立てているという。

「計数の正しい知識、他業界の人材との交流を通じた視野の広がりなど、自社だけでは教え切れない部分をしっかりサポートしてもらっています」（岡本氏）

社員を主役に置く根上氏の経営思想は、会社の運営に直結する分野にまで及んでいる。同族やオーナー企業でなかったことから持ち株会を制定し、根上氏をはじめ社員が保有する株は、いまや四六%。「社員が主役の企業」を誰もが実感し始めている。また、自身の退任後の後継体制を描き、すでに社長候補を選出している。その選出方法は、候補役員に対し社員が投票を行って決定したというから驚く。

そんな根上氏が今、最も期待を寄せるのが女性社員の活躍だ。

「当社は一二名の女性社員がおり、そのうち七名が管理職です。従来、補助的な仕事しか担っていなかった女性も、責任を与えると男性以上の力を発揮してくれることを日々実感しています。ゆえに当社は今後、年功や性別でなく個人を評価して登用する『適材適所』を徹底していきたいと考えています」（根上氏）

年齢や性別に関係なく、責任のある仕事を任せることで、社員一人一人の能力向上を図りつつ、胎動塾や技師長制度などの社内教育システムと、外部のセミナーをうまく組み合わせることで、社員の積極性と自信を育んでいる。二〇二〇年の東京オリンピック・パラリンピック後、建設業界において組織力の弱い企業は淘汰されると予測する根上氏は、オープン経営と社員第一の精神を貫くことで、その大波を必ず乗り切れると確信している。

成功要因の着眼点

ワンストップモデルを展開していくためには、まず専門に特化し、そこから総合的に広げる必要がある。屏風は広げすぎると倒れてしまう。それと同様に、初めからあれもこれもと手を広げすぎると、一見すると何でもそろっているが、実体は何もない空箱のような事業になってしまう。したがって、このワンストップモデルは、本章の一番目に挙げた「ドメイン特化型モデル」の〝進化版〟と言い換えることができる。自社の強みを一つの分野に集中し、専門化した後に総合化を進めることによって、ワンストップでソリューションを提案することが可能となる。例えば、ドメイン特化型モデルの事例企業である三和建設は、「食品ドメイン」に特化することで専門化し、そこから総合化を図ることにより、新設から改修・保全まで特命で案件が舞い込む広域型のワンストップモデルを構築しつつある。

ただ、事業を総合化・多角化する場合、現在保有しているノウハウだけでは実施できる範囲が制限されてしまう。そのためにも、自社が現在保有しているノウハウや固有技術とは何かを明確にして、自社に不足しているリソースを持っている企業との連携やＦＣへの加盟、Ｍ＆Ａなどで総合化を図ることも、有効な手段といえる。また、同時に多角展開する際は、新しいことに挑戦し、異質を認めるチームビルディングも組織風土として必要になる。

今後の建設市場で自社のポジションを確立するには、事業モデルを進化させナンバーワンブランドを目指す必要がある。そのためにも、従来のイメージとは異なる〝建設業らしくない〟を追求し、新たなソリューションを顧客価値として提供していただきたい。

第4章

高収益モデル実現のポイント

第1章でも述べたように、昨今の建設業界は大手ゼネコンを中心に業況が好調である。上場建設業各社の決算短信を見ると、収益性について顕著な改善傾向が認められる。とはいえ、他業種との比較（特に製造業）では依然として開きが大きく、全産業平均も下回る低い水準にとどまっている。収益性の低さは、建設業における長年の懸案事項であり、いかに高収益なビジネスモデルを構築するかが喫緊の課題である。

この高収益モデルの実現のためには、三つの必須条件がある。筆者自身の長年にわたる経営コンサルティング経験からも、成長戦略を展開している企業の特性といえるのではないかと思う。これらの条件は建設土木関連の企業に限ったものではなく、業種に関係なく全ての企業に適応できる原理原則だが、建設業に置き換えると、「高い単価で受注する」「非価格競争の実践」「利益マネジメントの徹底」の三点となる。

高い単価で受注する

自社の受注物件について、過去四年間の物件別利益結果を振り返っていただきたい。企業によってさまざまな事情はあるが、予想していた以上に売上総利益率が低いということに気付かれたかもしれない。当たり前のことではあるが、収益性の入り口は、受注単価である。いくら社内努力でコストダウンをしても、受注単価が低ければ利益を残すことはできない。

　建設業においては、建設投資の急減や受注競争の激化に伴い、ダンピング受注が横行していたが、いわゆる「担い手三法」改正を機に、公共工事において適正価格への動きが出てきている。担い手三法とは、「公共工事品質確保促進法（品確法）」、「入札契約適正化法（入契法）」、「建設業法」のことで、二〇一四年五月に衆議院本会議で可決・成立し、翌年四月から運用が開始された。改正の目的は、業界の疲弊を招く原因にもなったダンピング受注を防止し、受注者の適正利潤の確保に対する責務を発注者に課すとともに、処遇の悪化で減少が続く若者の建設業入職者を確保し、将来にわたって公共工事の品質が確保できるようにすることである。

　具体的には、改正品確法については、公共工事の品質確保を目的に予定価格の適正な設定や低入札価格調査制度の導入（ダンピング防止）、円滑な設計変更の実施を発注者の責務と位置付ける内容となっている。なお、「予定価格の適正な設定」とは、公共工事を施工する受注者が適正な利潤を確保できる価格のことである。適切に作成された仕様書に基づき、経済社会情勢の変化を勘案して市場における労務費および資材などの取引価格、施工の実態などを的確に反映して積算を行うことが求められている。

　主な内容としては、①予定価格の適正な設定、②歩切りの根絶、③低入札価格調査基準または最低制限価格の設定・活用、④適切な設計変更、⑤発注者間の連携体制の構築、という五点が実施義務になっている。また、①工事の性格などに応じた入札契約方式の選択・活用、②発注や施工時期の標準化、③見積もりの活用、④受注者との情報共有協議の迅速化、⑤完成後一定期間を経過した後における施工情報の確認評価、の五点が努力義務となっている。以上の項目の中から、特に歩切り（適正な積算に基づく設計書金額の一部を控除する行為）については根絶の見通しが立ってきた。

また売上げの観点でいえば、利益額に大きく影響するのが、追加工事などが発生した際の元請けに対する請求である。最近は緩和されてきたが、これまでは追加工事の発生時や設計変更による追加費用が認められないケースも多くあり、結果的に物件の利益を圧迫していることが多かった。

非価格競争の実践

特に、中堅・中小建設業においては、自社の特徴を出せないまま価格競争に陥ることが多い。このような状況に陥る要因として、「同質化（低収益）」と「低成長（低ポジション）」を挙げることができる。自社がライバル企業と同質化していれば差別化できず、既存のビジネスモデルでは安売り合戦に巻き込まれ、最終的には体力の乏しい企業から退場することになる。低成長

（低ポジション）とは、ライバル企業に追い付けないほどマーケットシェアが離れる状態のことをいう。顧客における自社のマインドシェア（顧客の心の中で企業やブランドが占める割合や順位）が三位以下であれば、もはや自社は顧客にとって不要な存在に等しい。もし、あなたの会社がそんな状況であるとすれば、おそらく収益性の悪い物件や、面倒な仕事しか受注できない状況に陥っているのではないだろうか。

もちろん、特定分野や特殊工事においてファーストコールカンパニー（コンストラクションブランドカンパニー）を実現すれば、このような状況を回避することができる。例えば、商品やサービス、さらには会社のブランディングとして付加価値を出していく方法として、建設土木業はＮＥＴＩＳ（ネティス／新技術情報提供システム）も活用したい。これは、国土交通省が新技術活用のため、新技術に関わる情報の共有および提供を目的に整備した情報提供システム。ＮＥＴＩＳは英語の頭文字を並べた略称で、正式名称はNew Technology Information Systemである。

国交省の直轄工事で、ＮＥＴＩＳの活用が進んでいる。実際に活用された新技術は、延べ一万五三八八件。一工事当たり平均三・三件の新技術が使われている。ＮＥＴＩＳの活用ステップについては、

①実用化された技術の「登録」

図表4-1　NETISフロー図

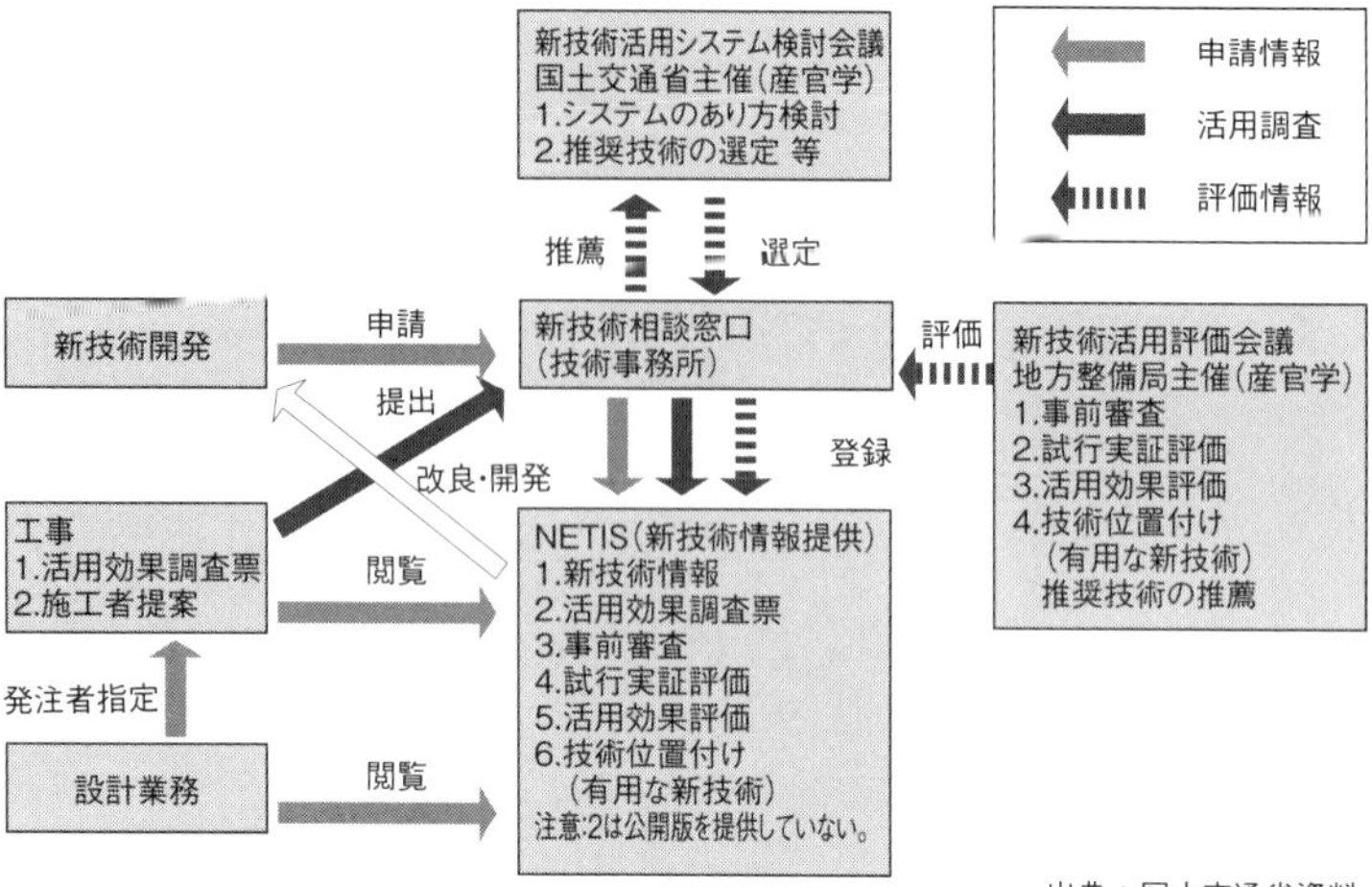

出典：国土交通省資料

②直轄工事などでの「活用」

③技術の成立性や活用効果の「事後評価」

――という流れになる。

ＮＥＴＩＳの掲載期間は、登録された翌年度から五年間（最長一〇年間）、活用期間として情報が掲載される。ＮＥＴＩＳに登録中の技術は設計会社・施工会社が検索することで、活用機会を増やすことができる。中堅・中小建設業が新技術を開発しても、知ってもらうことや新技術に対する信頼性をＰＲすることが難しい。ＮＥＴＩＳへの登録を活用し、新技術に〝冠〟を付けることで全国発信の機会を増やし、自社の商品・サービスに付加価値を付けていただきたい（**【図表４‐１】**）。

利益マネジメントの徹底

建設土木関連業であっても、経常利益率一〇%以上という高収益を確保している企業は存在する。収益性の高い企業に共通しているのが、「利益マネジメントの徹底」である。売上げ至上主義だったときは赤字経営だったのに、利益重視主義の経営に変更したことで、黒字転換した企業は多く存在する。中堅・中小建設業であれば、売上総利益率(粗利益率)一五%以上を目指していただきたい。

その際に重要なのがQ(施工品質)、C(コスト)、D(工期)である。特に鍵を握るのがC(コスト)である。高収益の実現のためには、受注段階で見積原価から実行予算に落とし込み、最終的には完成工事原価で利益管理のPDCAを回し、さらには次回の施工工事にフィードバックしていくことがコストマネジメントの基本である。

工事原価の内訳でいえば、労務単価の増減が、売上総利益に与えるインパクトは大きい。そのため国土交通省によって、労務単価の見直しが行われている。二〇一八年二月には、公共工事の予定価格算出に用いる「公共工事設計労務単価」を二・八%引き上げて一万八六三二円に改定(全国全職種平均)し、適用開始月を三月に前倒しすると発表した。引き上げは七年連続となり、新単価の適用前倒しも五年連続（新単価の適用開始は通常四月）である。

また、生産性向上を切り口に、土木・建築業で何ができるかを考えた場合、土木では①コンクリート工の効率化、②ＩＣＴ（情報通信技術）の活用、③適切な工期設定と工程管理、建設では設計・施工一括方式の普及促進などが挙げられる。一方で、コンクリート打設の効率化や大型構造物のプレキャスト（ＰＣａ）活用の拡大についても進んでいる。ＰＣａ活用によるメリットとしては、①工期短縮、②省人化、③品質向上、④安全向上などがある。

実行予算でコスト管理を徹底することもさることながら、さらに大切なマネジメントが施工中のＱ（施工品質）とＤ（工期）である。現場での施工品質は、間違ったコミュニケーションから始まることが多い。「施主－設計者－施工会社－協力会社」の過程における情報の行き違いや、「言った」「言わない」の水掛け論も頻発し、トラブルや手直しが発生することもよくある。その際には、通常の五倍のコストがかかるともいわれている。また、施工物件が大きくなればなるほど金額も大きくなり、手直しをするためのプロジェクトが発足することもある。現場関係者間でしっかりと情報の共有化を行い、情報の一元化を徹底する必要があろう。

ＩＣＴ関連では、設計、施工、維持管理に至る過程で三次元モデルを導入・活用するＣＩＭ（Construction Information Modeling）なども一つの手段といえる。さらには、施工に関係している各社が現場スタート時、受注物件の目的は何かを明確化し、共有する必要がある。後述する事例企業は、〝同じ目的・同じ手法を共有できれば、成果は何倍にも何十倍にも跳ね上がる〟という考えのもと、工事案件がスタートする前に目的・成果物・成功基準を社内で明確にし、共有することで成果を上げている。

他方、品質において大切なのが、トラブルや不具合が発生した後の処理である。発生したトラブルの原因について「なぜ」を五回繰り返し、何が問題の本質なのかを押さえ、改善を進めていく。発生した不具合については、現場へフィードバックし、社内で共有しなければならない。現場においては、なぜ不具合が発生したかをさかのぼれるように、記録を残すことを管理の鉄則とする。行きすぎて過剰品質になってしまうとそれはそれで問題だが、最低限の範囲内で記録化をルール化し、現場で徹底する必要がある。

工期の面では、協調型のネットワーク力を強化して、「経済工期の実現」を目指していただきたい。工事の進捗が早すぎると無理が生じて余計なコストがかかるし、かといって遅れすぎてもリース料など本来不要の余分なコストが発生する。総工事費が最小になる最適な経済工期を実現することで、〝ヒト・モノ・カネ〟の合理化を図る必要がある。このような利益マネジメントができている企業ほど、結果的に高い収益性を確保している。

高収益モデル事例

企業事例

中部地方の総合建設企業Q社は、創業の原点である建築・土木を中心に、住宅事業、賃貸事業といった複数事業を展開している。Q社はかつて売上高四〇〇億円と地場大手のゼネコンだったが、粗利益率は約九％、売上高経常利益率は三％以下と低収益であった。当時、社長をはじめ経営陣は皆売上げ至上主義で、利益は二の次。とにかく受注すれば、利益は自然に上がるという考えであった。しかしバブル崩壊後、建設市場は急激に冷え込み、同社の業績も赤字に転落した。そこで同社の社長は、企業価値を上げることで利益重視型の収益構造に変換していくことを決意した。その際、社内で発信した項目が、次の三つである。

一点目は、「粗利益率をイメージして受注する（低採算工事は捨てる覚悟が必要）」。利益の第一ボタンは売上総利益（粗利益）であり、第一ボタンが崩れると、当然ながらその後の修正が難しくなる。粗利益率の高い物件を受注し、低採算性物件を捨てるためには、物件を選別して受注する必要がある。ただ、選別受注ができるかどうかは、受注高に対する次期繰越高が何％あるかが非常に大きなポイントとなる。同社は次期繰越高一二五％の状態から、再来期の受注も含めて営業活動を行っている。利益に対する先行管理ができるかどうかが選別受注のポイントだ。

同社が実践している二点目の項目は、「競争はしない」。同社では、非競争を展開するために徹底したブランディング活動を展開している。ブランディング活動を実践する上でのポイントは大きく四点。「差別化」「小さな一位」「一点集中」「接近戦」を基本とし、何でライバルに勝つのかを決め、ブランディングし、価格競争をしない体制づくりである。ここでのポイントは、繰り返しになるが「自社は何が得意か」をはっきりとさせることだ。単に「何でもやります」と言うのではなく、その〝やること〟を絞り込むことで、特命受注につなげることを徹底しなければならない。またQ社では、企画提案にも徹底してこだわる。顧客に提案する企画内容は、顧客価値を創造するものになっているかを経営者自らが確認している。

そして最後の三点目が、「利益マネジメント」である。これは前述した通りである。Q社はこのような取り組みを実践することで、直近業績では粗利益率が約一七％、売上高経常利益率は約八％という高収益構造へ転換した。冒頭に記した以前の収益構造と比較すると、売上高は四〇〇億円から一六二億円へと約四割まで減少したが、粗利益率が約八ポイント上昇したことで、売上高経常利益率は大きく改善した。経常利益額は一二・七億円であり、これは売上高四〇〇億円当時の経常利益額（一一億円）を上回っている。利益重視型経営に転換したことで、収益モデルが大幅に改善した好例である。

また、もう一つ、高収益企業の事例を紹介しよう。分譲マンション建設に特化して工事を請け負う「ファーストコーポレーション」（東京都杉並区、中村利秋社長）である。同社は二〇一一年に設立され、二〇一五年には東証マザーズへ上場、その翌年末に東証第一部へ市場変更と、設立わずか六年で一部上場企業へ急成長を果たした注目企業だ。本書執筆時点での直近業績（二〇一七年五月期）は、売上高（二〇九億四八〇〇万円）が対前期比二八・七％増、経常利益（二〇億一三〇〇万円）が同三三％増、売上総利益率一四％、売上高経常利益率九・六％と、好業績かつ高収益を誇る。

同社の大きな特徴は、「造注方式」というビジネスモデル（【図表4－2】）と、徹底した品質へのこだわりである。

造注方式とは、同社が土地情報を収集してマンション用地を確保し、デベロッパーに対しマンション建設のプランを提案。土地売買契約後、デベロッパーから特命で施工を請け負うというものである。この方式は、かつてバブル時代に大手ゼネコン各社が手掛けていたが、バブル崩壊によって取得した土地の開発計画が進まず、多額の負債を抱える要因となったため、今では多くのゼネコンが手を引いている（現在は競争入札方式での受注が主流）。

図表4-2 「造注方式」の模式図

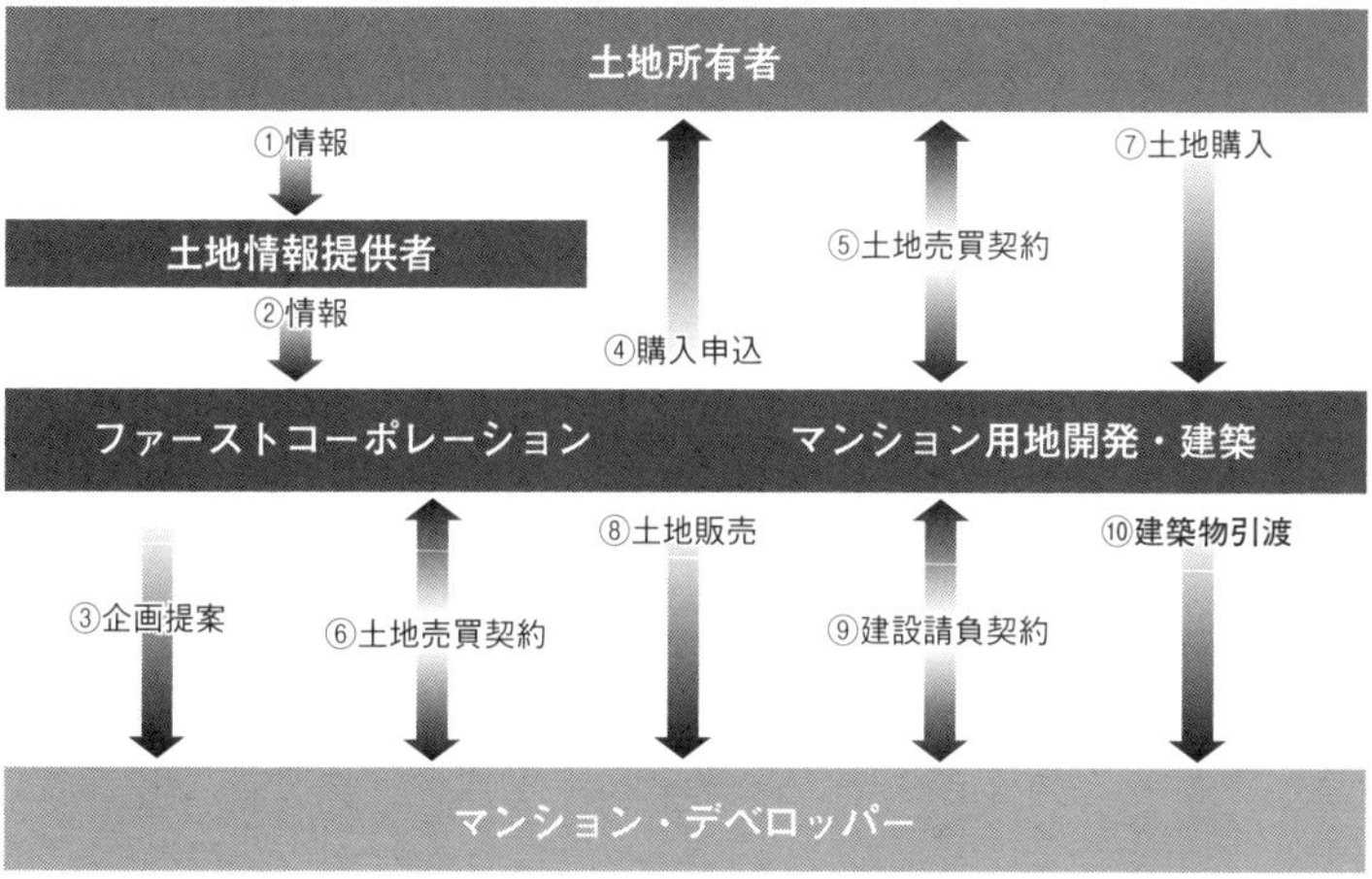

出典：ファーストコーポレーション決算説明会資料（2017年5月期）より作成

一般的に競争入札方式での受注は、デベロッパー側が企画したプランや仕様に対し施工会社が価格競争を展開するため、当然ながら利益の確保が難しくなる。だが、造注方式の場合は、施工会社側が土地を押さえ、自らが作成したプランを提案して特命受注するため、競争がなく、好条件で受注できる。また、自社で企画を立てることから、適正な工期を設定でき、工数超過による収益悪化リスクが低い。さらに、複数のデベロッパーに提案して、最も有利な条件のところを選んで特命受注するため、競争入札方式による受注と比べ、収益性や契約条件がよいというメリットもある。

同社の造注方式を支えているのが、精度の高い土地情報の収集力と、スピーディーな企画提案力にある。つまり、マンション用地情報を他社に先駆けて仕入れ、デベロッパーが売りやすい物件の事業計画を企画・設計し、提案するまでのスピードが速いということだ。同社はゼネコンでありながら自前の土地開発の専門部隊を有しているほか、良質な土地情報を迅速に入手するため、主な事業エリアを東京圏（一都三県）に絞っている。そして用地情報の確保から企画提案までを最短一〇日間で行える点が強みとなっている。

また同社は、施工品質へのこだわりを持っている。マンション建設といえば、耐震強度の偽装を目的とした「構造計算書偽造問題」（二〇〇五年）や、杭打ち工事のデータを改ざんした「横浜市マンション傾斜問題」（二〇一五年）など、施工にまつわる不祥事が相次いだ。そのため、同社では建造物の「安全・安心」な品質を確保するため、マンション建設企業としては初めて「杭工事」「配筋工事」「生コン（レディーミクストコンクリート）」の全てで第三者機関による検査を導入した。施主（デベロッパー）が第三者機関による検査を実施しない場合は、同社が費用を負担して独自に検査を実施するという。

さらに、安全・衛生・品質管理を担う専門部署「安全品質管理室」を社長直轄の独立部門として設置し、社員教育や健康管理も含めて事業の安全を厳しく管理している。建築部と安全品質管理室が連携し、施工検討会において安全・堅実な施工計画を策定するとともに、毎月一回以上の作業所巡回を行い、工事の進捗を六段階に分け、段階ごとに品質検査を実施するなど作業所の管理運営を確認している。そして、安全や品質・施工管理についてルール化した独自の「建築施工マニュアル」も整備し、内容を検討・改善して、毎年、改定を行っている。

このように魅力的な建築プランによる土地開発と、徹底した品質管理を行う同社と継続取引を望むデベロッパーは多く、半特命的な請負工事が持ち込まれるケースも増えているという。

成功要因の着眼点

高収益を実現するためのポイントを整理すると、次の三点にまとめられる。

◎売上げではなく「利益至上主義」を徹底する

高収益物件を中心に、選別受注することである。そのためには、自社の粗利益率目標（建築：一五％以上、土木：二五％以上など）を設定する。そして、期末時点の繰越売上高が一二五％以上を確保できている状態にする必要がある。

◎競争物件は受注しない

競合他社との競争が起きると必ず価格競争に陥る。そこから脱皮するには、ライバルとの差別化ポイントは何かを明らかにし、その上で自社のノウハウや固有技術をブランディングする必要がある。そして、ブランディングを外部へ実践（アウターブランディング）する。相見積もりになった際は、ライバルが自ら競争を降りるくらいのブランドを構築したい。ただし、ブランディング活動が浸透するには、早くて三年、一般的には五年くらいの時間を要する。ブランディング活動は費用がかかる上、効果もすぐに表れないが、「戦略投資」と位置付けて意識的に継続していただきたい。

◎コストマネジメント

いくら入り口の段階で単価をコントロールしたとしても、設計や施工でムリ・ムダ・ムラが発生したり、どんぶり勘定を放置したりしていると、利益の捻出が難しい。特に、建設業においてはどんぶり勘定の企業が多く存在し、例えば、工事がスタートしているのにまだ単価が決まっていないなど、あり得ないようなことがよくある。もし、自社がそのような状況であれば、抜本的な見直しを行い、最終的には実行予算段階よりも利益が上がるくらいにコスト管理を徹底したい。

「粗利益率は一〇％あればいい」ということが〝目安〟になっている建設企業もあるが、筆者は一七～二〇％の間で各物件が進行している企業を多く知っている。これまでのやり方や考え方について、「本当は非常識なのだ」と認識していただきたいと思う。

第5章

成長戦略実現のための人材戦略

生産年齢人口の減少、若年層の建設業離れ、進行中の高齢化問題、さらに団塊世代の大量退職によって、建設業界の将来を支える担い手不足が懸念されている。日本建設業連合会（日建連）の推計によると、建設現場で働く技能労働者は二〇一四年度から二〇二五年度までの一二年間で一二八万人が退職するという。日建連は、働き方改革による「若者を中心に九〇万人の新規入職者確保」、ICT（情報通信技術）を含めた生産性向上による「三五万人の省人化」などを進め、人手不足を補完するとしている。

ただ、若手技能者の確保は年々厳しさを増しており、在職している技能労働者は高齢化が進んでいる。製造業など他産業だけでなく、専門工事業と総合工事業など建設業界内での人材獲得競争も激化している。そのため、建設企業の中には、工業高校や専門学校などへ出前講座を行うところも見られ始めている。業界や現場、仕事内容を肌で感じてもらい、入職者の増加につなげようというのが狙いである。

また、建設業では下請け企業を中心に、年金や医療、雇用保険などの法定福利費を適正に負担しないケースが少なからず存在し、それが若年層の入職者が減る一因にもなっている。こうした社会保険の加入対策はもちろんのこと、技能労働者の社員化、福利厚生の充実を急ぐ企業も増えている。さらに、他産業に比べて高い水準で推移している三年以内離職率（就職後三年以内に離職した新卒者の割合）についても改善が急がれている（**【図表5－1】**）。

図表5-1　新規大卒就職者の3年以内離職率の推移(産業別、単位:%)

	全産業	建設業	製造業	情報通信業	小売業	運輸業、郵便業	宿泊業、飲食サービス業
2003年3月卒	35.8	37.9	22.7	25.8	42.9	32.7	54.4
2004年3月卒	36.6	36.1	23.3	26.7	44.5	33.9	53.3
2005年3月卒	35.9	34.2	22.2	26.3	44.1	31.9	53.0
2006年3月卒	34.2	32.6	20.5	26.8	41.9	29.8	52.3
2007年3月卒	31.1	30.0	17.9	26.9	36.8	27.3	48.3
2008年3月卒	30.0	29.2	16.7	27.3	36.2	23.5	45.7
2009年3月卒	28.8	27.6	15.6	25.1	35.8	20.8	48.5
2010年3月卒	31.0	27.6	17.6	22.6	37.7	23.1	51.0
2011年3月卒	32.4	29.2	18.7	24.8	39.4	24.3	52.3
2012年3月卒	32.3	30.1	18.6	24.5	38.5	28.2	53.2
2013年3月卒	31.9	30.4	18.7	24.5	37.5	26.0	50.5
2014年3月卒	32.2	30.5	20.0	26.6	38.6	26.8	50.2

出典：厚生労働省「新規学卒者の離職状況」(2017年9月15日)

このような状況下、厚生労働省と国土交通省は高齢者の大量離職に備え、処遇・現場環境改善による担い手確保と、現場の省人化による生産性向上に取り組んでいる。今、建設各社が取り組んでいる「働き方改革」もその一つである。働き方改革については、労働者個人の問題に加え、組織全体（協力会社、施主を含む）でのチームワークによる仕事の進め方を改革することが求められている。

建設業における働き方改革の基盤となるのが、人材戦略である。人材戦略を構築するためには、「採用」「育成」「活躍」という三つの側面からバランスよく組み立てる必要がある。「採用×育成×活躍」において、より成果を上げるためのポイントについて、次に紹介する。

働き方改革

これまで中小規模の建設業においては、タイトな工期に追われ、休日に現場が動き、気の休まる暇などなかったのが実情だ。そもそも建設業は、ほかの産業で当たり前に導入されている週休二日制がいまだに普及しておらず、労働環境を巡る問題は山積みである（なお、日建連は二〇二一年度末までに建設現場の週休二日制の定着を目指している）。働き方改革は、単なる「4週8休」の実現のみならず、人材採用や生産性向上に与える影響も大きく、人材不足を解消する基盤となる。会社の全体像を押さえた上で、働き方改革の対策を検討していただきたい。

例えば、筆者は総合建設業R社で働き方改革についてディスカッションを実施した。その結果、課題を一つ一つ〝点〟として捉えるのではなく、複数の課題を「面」で解決しなければ、働き方改革の成果の目安である「4週8休」の実現は難しいということが分かった。

働き方改革を実現するためには、「施主（発注者）」「受け手側（受注者）」「協力会社」と大きく三つに区分して考える必要がある（【図表5-2】）。このうち施主において、最も関係する項目が「適正工期」である。そもそも元をたどれば、無理な工期設定が施工現場の休日出勤を生

図表5-2　「4週8休」実現への解決すべき課題

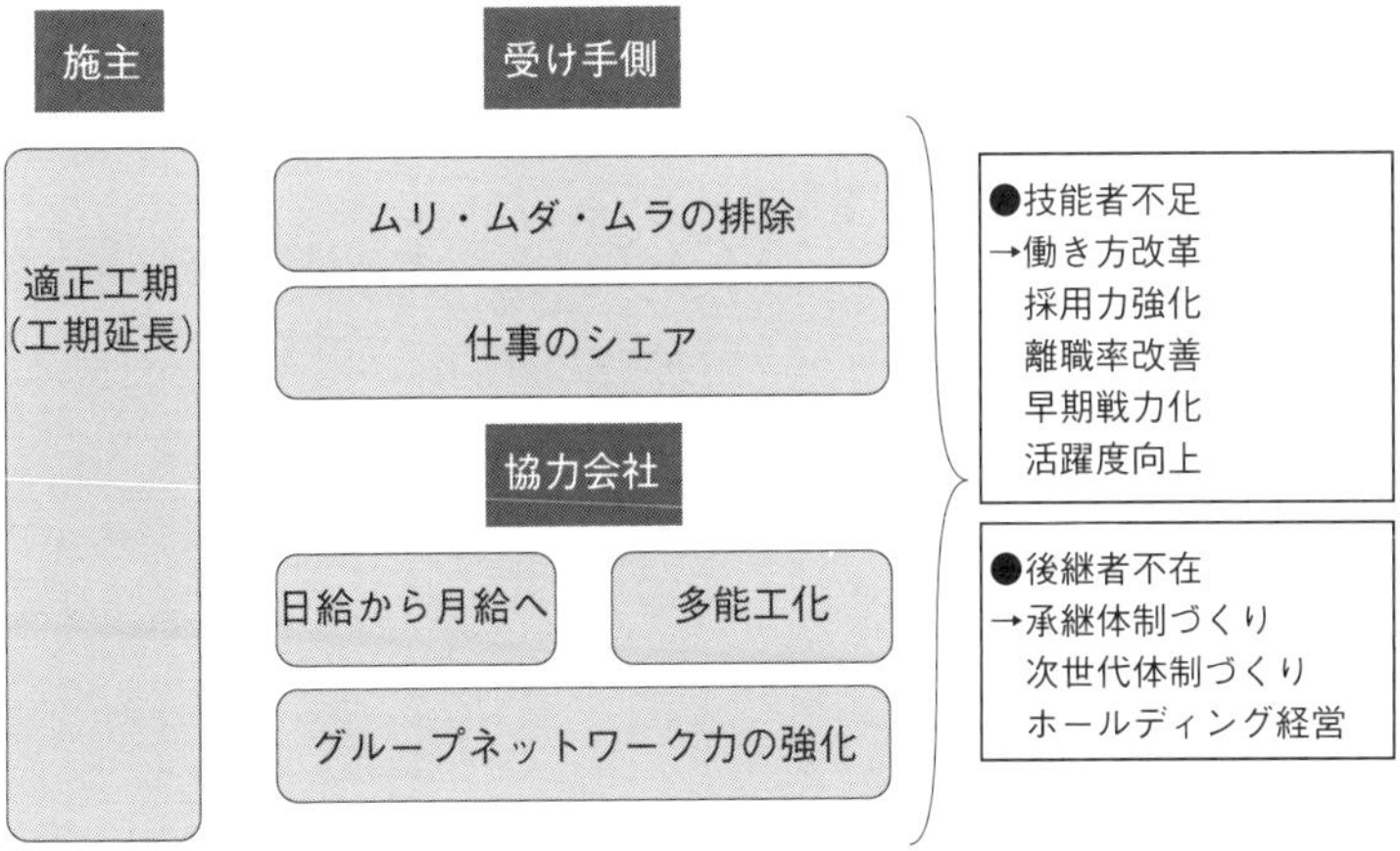

出典：タナベ経営

み、現場作業員が休みを削ることになっているのだ。

現在、全国の地方自治体や公共団体で公共工事の発注において「余裕期間制度」を採用するところが増えている。余裕期間制度とは、受注者の工事施工体制の整備（建設資材の調達や労働力確保など）を図るため、工期の三〇%を超えず、かつ四カ月を超えない範囲内で「余裕期間」を設定して発注するというものである。余裕期間は契約期間内（余裕期間＋実工事期間）であるが〝工期外〟のため、受け手側（受注者）は監理技術者などの配置が不要で、工事に着手してはならない期間である。具体的には三つの方法がある（【図表5-3】）。

①余裕期間内で発注者が工事期間（工期）

図表5-3　余裕期間制度

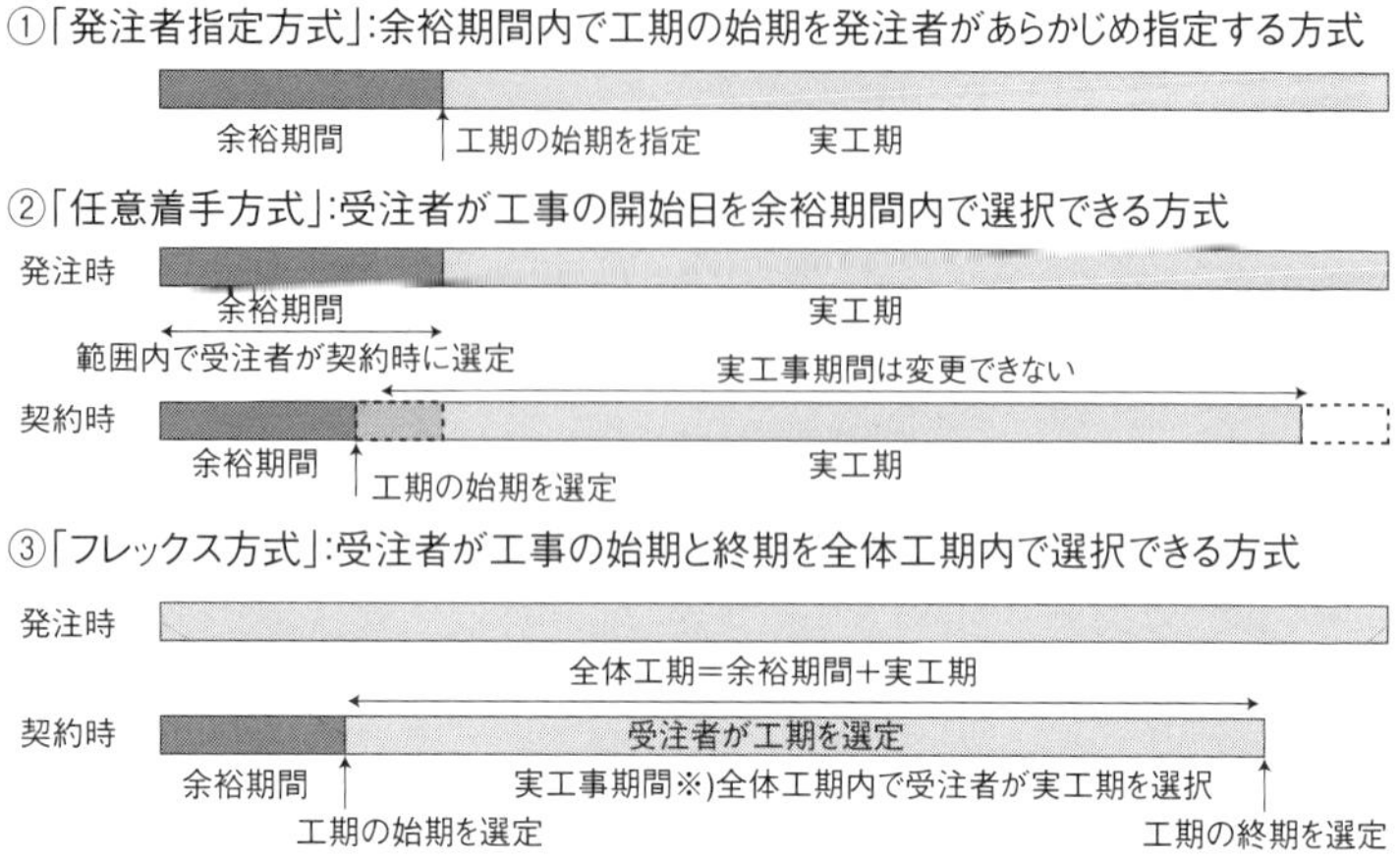

出典：国土交通省資料

の始期（工事開始日）を指定する「発注者指定方式」

②受注者が工期の始期を余裕期間内で選択できる「任意着手方式」

③受注者が工期の始期と終期（工事完了日）を全体工期内で選択できる「フレックス方式」

国土交通省では、民間も含めた発注者に対し、長時間労働の抑制と週休二日を前提とした適正な工期設定を求めている。働き方改革に向けた取り組みとして、こうした適正工期の決め方についてもしっかりと練り上げたい。

また、受け手側において取り組まなければいけない項目は、「ムリ・ムダ・ムラの排除による生産性改革」と「仕事のシェア」である。ムリ・

ムダ・ムラの排除では、ICTの導入や人材力強化による改善が求められる。仕事のシェアについては、女性活躍などがポイントとなる。

最後は、協力会社に関する改善策の検討である。こちらについては、仕組みや制度を含めた本質的な課題を解決しなければ実現しない。つまり、大半の協力会社は日給制のため、受け手側が「4週8休」の実現を目指すと、自分たちの手取りが少なくなるのである。解決策としては「月給制」へ移行してもらう必要があるが、そのために解決しなければいけないのが、協力会社の生産性向上と月次の仕事量の問題だ。日給制の仕事量を「一〇〇」とすると、月給制に変更した際は「一二〇」の仕事量を確保する必要がある。

とはいえ、仕事量は月によってばらつきが発生する。その中で月給制に移行しようと思えば、受け手側は協力会社を絞り込み、少数精鋭で運営していく必要がある。工事のフローの中で、受け手側の人材の多能工化が進めば、協力会社を絞り込み一社当たりの分け前を増やすことも可能となる。さらにもう一点、重要なポイントは、「グループネットワーク力」である。仕事を出す側は協力会社を専属化するため、「一〇〇」以上の仕事を与えるといった配慮も必要となる。自社も含めて、年間の受注バランスにおいて閑散期と繁忙期の谷と山をならし、平準化することが重要だ。

そしてグループネットワーク力で大切なのが、それぞれの工程において生産性を上げ、全体の工期を短縮することである。工期を短縮する場合、全体の施工計画の中で効率化しなければ、手待ちが発生するだけで終わり、コスト効果を発揮することができない。全体の施工計画の中で、どの工程がネック工程なのかをしっかり押さえ、絞り込んだ上で生産性改善を行わなければならない。そして効率化の後、仕事を依頼する側と受ける側で利益配分をどうするか決めておくことも大切である。ただ、これは利益だけでなく、ミスなどによりマイナスが発生したときも同様だ。しかし、そこまで徹底できている事例を目にすることは少ない。

これからは技能者が大幅に減る。さらには後継者難を背景に協力会社が減っていく中で、グループネットワークをどう構築するかは欠かすことのできない課題である。ぜひ働き方改革をきっかけに、表面的な課題のみを解決するのでなく、「チーム」による力で人材不足をどう乗り切るかを検討することが大事である。

採用力強化

人材戦略を構築する場合、まず押さえておかなければならないポイントは、そもそも採用がうまくいっているかという点と、離職率が抑えられているかを確認する必要がある。いくら新卒の採用を強化しても、定着の〝勝負期間〟とされている三年目までに全員が退職してしまうと、当然ながら社員数はいっこうに増えない。辞めていく人材の育成にコストをかけ続けることになり、ある意味では他社（転職先）が行う入社時教育を自社が肩代わりするようなもので、自社が育成投資する意味がない。

まず、新卒採用におけるポイントを整理していく。新規採用で成功を収めている企業が押さえているポイントは共通している。近年、就職を希望する学生は次の三つの視点で企業を見ていることを理解していただきたい。

一点目は、「働きがい」である。自社は、働きがいのある企業かどうかということだ。ここでは、自社の企業理念をしっかり理解してもらう必要がある。例えば、自社の「存在価値（他社にない自社の特徴は何か）」や「社会価値（社会的な役割は何か）」を明確にし、平易な言葉による解説文やイメージ図などを加え、分かりやすく表現して共感性を高める。その上で、自社の仕事やサービスに対する誇りについて従業員の声を集め、「わが社に入社すれば、こんなに働きがいのある仕事が任される」ということをウェブサイトなどで訴求する。

二点目は、「企業の将来性」である。これから一〇年先を見据えた成長戦略を描いている企業と、描いていない企業があるとすれば、学生はどちらを選ぶだろうか。いくら「〇期連続増収中」「地元密着型の超安定経営」とうたったところで、それらは現時点の話にすぎない。学生はこれから何十年も働くのだから、何十年先のことを考えて企業を見ている。過去や現在の話ばかりで先行きに対する考えを何も示さなければ、たとえ業績が堅調でも学生は不安である。したがって、社内でしっかりと中期ビジョンを策定した上で、採用面接の中でしっかり共有することが重要である。

三点目は、「キャリアアップ」である。〝この会社に就職して、自分がどうキャリアアップできるのか〟、それが明確かどうかだ。中堅・中小建設業の中には、優秀な人材が入社するケースも少なくない。そうした人たちは、なぜスーパーゼネコンに就職せず、中堅・中小企業への入社を選んだのか。ほとんどの人たちは、大手企業より中堅・中小企業のほうが、「幅広い仕事ができる」「自分の考えを実現できる」と考えている。中には「将来は経営者になりたい」と言う人もいる。

つまり、そうした彼ら・彼女らは、「入社して自分が成長できるかどうか」を基準に就職先を決めているのである（これは一番目のポイント「働きがい」にもつながる）。したがって、そのような人材は入社後、どのように自分がキャリアアップをできるかについて意識が高い。そのため、会社説明会や面接において、入社後のキャリアアップの仕組みや人材教育システムについて、しっかりと説明する必要がある（キャリアアップの仕組みについては後述する）。

なお、中堅・中小建設業における採用活動については、厚生労働省の「雇用動向調査」の入職経路（全産業）を見ると（**【図表５－４】**）、転職者を含めた入職者全体では、就職サイトや新

図表5-4　入職経路別構成比（産業計・建設業、単位:%）

		入職経路計	職業安定所	ハローワークインターネットサービス	民営職業紹介所	学校	広告	その他	縁故	出向	出向先からの復帰
産業計	入職者計	100.0	15.7	5.3	4.0	7.6	29.9	10.7	24.1	2.0	0.7
	新卒者	100.0	10.0	6.5	2.6	35.1	27.9	9.0	8.9	0.1	0.0
	新卒以外の未就業者	100.0	12.2	4.7	3.0	3.5	40.2	10.1	25.9	0.3	0.1
	転職入職者	100.0	18.4	5.2	4.7	1.1	27.1	11.4	27.8	3.1	1.2
建設業	入職者計	100.0	22.2	7.2	2.2	9.5	9.3	15.3	32.5	1.0	0.9
	新卒者	100.0	16.5	5.4	1.1	44.4	16.5	3.8	11.9	—	—
	新卒以外の未就業者	100.0	17.3	4.6	0.6	4.6	5.9	34.9	32.1	—	0.0
	転職入職者	100.0	24.6	8.1	2.7	2.2	8.3	14.0	37.4	1.4	1.3

※四捨五入の関係上、各項目合計が100%にならない場合がある
出典：厚生労働省「平成28年雇用動向調査」（2017年8月23日）

聞などの「求人広告」、知人の紹介による「縁故採用」「ハローワーク（ウェブサイトを含む）」という三つが主要ルートとなっているが、新卒者については学校と広告の二ルートで六割を占める。ただ、建設業（新卒者）については学校が全体の四割と最も多く、広告がやや低い。また、ハローワークによる紹介と縁故採用が高い割合を占めている。

建設業の新卒者の採用活動は、学校ルートが一般的である。その上で、どのような人材を何名確保するのかを決め、①エントリー数、②会社説明会参加者数、③面談回数、④面談時間、⑤理念をどのように共有するか、⑥一人当たりの採用コストをいくらかけるかなど、採用活動の全体像を設計することだ。

離職率改善

次に大切なのが、「離職の防止」である。離職率については先に述べたように、建設業における大卒者の三年以内離職率は三〇％台と高い水準で推移している。その一方、毎年複数名を採用し、退職者は三年間でたった一名という〝人が辞めない〟建設企業も実は多い。

離職率の高い企業は、「どうせ辞めるのだから、（定着に）手間をかけても無駄だ」と諦める企業も少なくないが、定着に対して何も手を打たなければ、若者が毎年出入りを繰り返すという悪循環に陥るだけである。

若者が建設業界に入職・定着しない要因の一つに、「休日の少なさ」が挙げられる。日本建設産業職員労働組合協議会が加盟組合員一万二〇〇〇人超に実施したアンケート調査（二〇一七年四月）の結果によると、工程表上の休日を4週8休で設定している作業所の割合は全体の七・五％にすぎず、約半数（四九・九％）が4週4休以下で工程を組んでいた。工程表上の休日設定を発注者別に見ると、そもそも4週8休の旗振り役である国土交通省の発注工事ですら、4週8休の割合は九・七％にとどまっている。自治体を中心に、週休二日モデル工事は徐々に増えてはいるが、天候不順の問題や発注サイドの理解など、解決すべき課題もまだまだ多い。

図表5-5　公共工事設計労務単価(全国全職種平均値)の推移(円/1日8時間当たり)

年度	公共工事設計労務単価
2008	13,351
2009	13,344
2010	13,154
2011	13,047
2012	13,072
2013	15,175
2014	16,190
2015	16,678
2016	17,704
2017	18,078
2018	18,632

※金額は加重平均値
出典：国土交通省

特に、年度末での完成工事が集中することや適正な工期設定などは、最近緩和されつつあるとはいえ、建設企業の自助努力だけでは課題解決は難しく、発注者側との認識を一致させる必要がある。

また、建設現場の第一線を担う技能労働者の「処遇問題」も喫緊の課題だ。建設業の賃金水準は、製造業より一二％程度低いとされている。前述したように国交省は、一九九七年をピークに年々下落していた公共工事設計労務単価（全国全職種平均）を、二〇一三年度から大きく引き上げている（**【図表5-5】**）。これは技能労働者の処遇改善に向け、労働市場の実勢単価を的確に反映させるとともに、社会保険への加入徹底を図るため、必要な社会保険料の本人負担分を反映させることが狙いだ。

労務単価が上昇すれば、処遇改善も進む。例えば、公共工事に従事する建設労働者の社会保険加入状況（二〇一六年一〇月時点、国交省調べ）を見ると、雇用保険の加入率は八四％、健康保険が八〇％、厚生年金は七八％で、三保険を合わせた加入率は七六％。五年前（雇用保険：七五％、健康保険：六〇％、厚生年金：五八％、三保険：五七％、二〇一一年一〇月時点）に比べ約一〇～二〇ポイント上昇しており、改善が進んでいる。とはいえ、ほかの産業の労働者に比べると低い水準であり、まだまだ改善が必要な状況であることに変わりはないが、休日の増加と処遇改善を進めることで建設業のイメージを変換し、離職率の改善につながっていくことが期待されている。

もう一つ、離職率の防止に効果が高いのが、「人材育成」である。中堅・中小建設業の離職防止対策では、休日や処遇面の改善に焦点が当たりがちだが、意外にも新卒・中途採用者に限らず、人材育成の不手際が離職の原因になることが多い。その問題のポイントは大きく次の二点がある。

まず一点目は、育成を担当する先輩社員があまりに忙しく、仕事を教える時間を確保できず、雑用ばかり回された入職者がすっかりやる気をなくしてしまい、退職に至るというケースだ。これは中堅・中小建設業において、非常に多く見られる課題である。

売上高五〇億円規模のある総合建設業の事例を紹介しよう。この会社は大阪と東京に拠点を構えているが、東京で中途採用をしても、三カ月たつと退職してしまうということが相次いだ。なぜ退職するのか本人に理由を尋ねても、どうも退職理由がはっきりしない。結局、採用して退職するというサイクルを繰り返していた。そのうちにある日、同社は中途採用者が退職していく要因を突き止めた。同社の東京支店長がいわゆる「プレイングマネジャー（実務担当者兼管理職）」で、人材を採用しても放置状態だったのだ。得意先に訪問を繰り返す毎日で、ほとんど教育をしていなかった。当然、新規採用者は育つはずもなく、せっかく入社したのに支店内での存在意義を失い、辞めてしまうということの繰り返しだった。

このような状況を打破するため、この会社はまず、新入社員を本社に半年間配属させ、基本的な知識、技術、さらには自社の取り組みや戦略についてしっかりと教育し、ある程度身に付いてから東京支店へ配属する方法に変更した。また、定期的に経営者が支店を訪問した際は積極的にコミュニケーションを図るとともに、支店内での日々の相談や教育を行うメンバーも明確にするなど、育てる仕組みを整えた。これにより、定着化が図れるようになったという。

このように、会社として教育することと拠点内で教育することを区分し、その後のフォローの方法もしっかりと決め、サポートしていく仕組みが必要である。

また、筆者は従業員数八〇名のある専門工事業の社長と話す機会があった。この会社では数年前まで、新卒を採用しても、三年で退職していくという状況に陥っていた。社長は、なぜす

3.育つ
①全社員が経営理念に共感し、それに対して日常行動へつなげているか
②自己啓発の支援を行っているか(または各個人が積極的に取り組んでいるか)
③配属先で新入社員の受け入れ体制が整っているか
④部下指導の仕組み(人事考課・定期面談)を整えているか
⑤異動・配属の際には本人の意向に鑑み、目的を明確に伝え、適正配置を心掛けているか
Ⅲ.企業ブランド
1.事業
①応募者が事業内容を理解しやすい工夫はあるか
②入社後に取り組むべき業務を明確に伝えているか
③自社の事業の魅力・将来性を応募者は理解しているか
④競合他社との優位性を明確に示し、そのビジネスモデルは共感を得られているか
⑤自社で働くメリット・将来像を応募者はイメージできるか
2.理念
①自社の理念は明確であり、全社員に浸透しているか
②自社の理念は他社との違いが明確であり、細部に至るまで解釈を伝えているか
③自社の理念を応募者に理解させ、共感を生んでいるか
④理念と事業の連動性を示し、応募者に期待することを伝えているか
⑤応募者だけでなく、家族や友人からも共感を得る取り組みを行っているか
3.知名度
①定期的に企業情報をWebサイトやSNSなどを通じて発信しているか
②学校や就職紹介会社と良好な関係を維持しているか
③有料募集広告以外のチャネルを積極的に開拓しているか
④接触のあった応募者は全てファンにするという姿勢で臨んでいるか
⑤パブリシティー掲載に向けたニュースリリースを定期的に発信しているか
Ⅳ.その他
①会社として人材採用の重要性を全社員に理解させているか
②SNSへの対策を講じているか(いわれなき誹謗中傷に対する情報集約と対策)
③インターンシップやオープンセミナーなど、状況に応じたさまざまな取り組みに挑戦しているか
④法改正・規制緩和に関する情報収集に努め、戦略に生かしているか(スピード調整等)
⑤過去の退職者の情報を収集・管理し、採用・教育・組織活性化に生かしているか

図表5-6　人材の採用・定着チェックリスト

Ⅰ.採用手法
1.選ぶ
①求める人物要件は経営理念・ビジョンに基づいて設計しているか
②自社に合う・合わない人物像は明確になっているか
③求める人物要件(必要経験・スキル・社風との相性等)は明文化されているか
④誰が面接をしても同じ判断基準を持てる仕組み(マニュアル等)は整備されているか
⑤入社1年目の退職理由にミスマッチが生じていないか
2.選ばれる
①応募者に対して顧客と同様の対応をしているか(採用試験を受けてよかったと思われているか)
②経営者(または経営幹部)が話をする機会を設けて応募者の理解を深めているか
③現場の社員が話をする機会を設けて応募者の理解を深めているか
④自社の強みを理解し、応募者の心に響くクロージングを使い分けているか
⑤1対1のコミュニケーションを重視し、応募者のアピールをよく理解しているか
3.集める
①自社ホームページを常に更新し、応募者の理解が深まる工夫をしているか
②求める人物像によって広告媒体を使い分け、かつ2社以上のコンペを常に行っているか
③自社の強みやアピールポイントを広告媒体に分かりやすく記載しているか
④写真選定・キーワード・文字量など細部に至るまで応募者目線で検討しているか
⑤広告の効果測定を行い、PDCAを回し、常に改善しているか
Ⅱ.企業風土
1.育む
①入社～配属までの教育を実施し、自社で働く上で必要な教育を施しているか
②各個人が階層・職種に応じて求められる目標設定を行っているか
③社歴・階層・職種などに応じた教育制度(教育体系)は整備されているか
④中期経営計画の達成に向けた教育計画が立てられているか
⑤各個人の志向・目標に合わせて挑戦できる仕組みがあるか
2.育てる
①会社として教育の重要性を発信し、全社に浸透させているか
②配属後は現場に任せきりにせず、コントロールしているか(現場により教育レベルの差が生じていないか)
③社員一人一人に目を向け、育てる意識を持って接しているか
④全社員が会社の目標を理解し、各個人の目標設定と連動性があるか
⑤経営幹部(管理職)は部下と目標を共有し、達成に向けてサポートしているか

ぐに辞めてしまうのか疑問に思い、社内でヒアリング調査を実施した。すると社長は、課題が二点あることに気付いたという。

一点目は、採用時での価値観のズレだった。そもそもこの会社に入社する動機があいまいで、同社のことをよく知らず、仕事内容についても表面的なことしか分からないまま入社していた。そこで同社は、自社に課せられた社会的な役割や企業理念、さらに専門工事業という特殊な業界だったこともあり、仕事のやりがいやサービスの誇りについて取りまとめ、採用の入り口である合同説明会から解説を徹底し、採用の導入部分から見直しを図った。

そして二点目が、入社後の新入社員の役割だった。この会社では、新入社員に対し入社後、仕事の不満や不安について調査した。すると、与えられる仕事は現場の清掃や後片付け、または先輩社員が使用した道具の洗浄など、ひたすら雑用中心の作業をさせられていることが分かった。しかも、作業内容に関する指示も示されないため、「清掃が行き届いていない」「後片付けが雑だ」などと叱責される毎日だという。このような状況で、モチベーションを上げることなどできるだろうか。

そこで同社は、職場に配属する前に、基本となる業務を最低限のレベルでこなせるように教育を施し、一通りできるようになってから現場へ配属するような教育システムに変更した。これによって現場へ配属されたときは、雑用より高いレベルの仕事をすぐ任されるようになり、先輩社員から褒められる→モチベーションが上がる→さらに新しい業務について学ぶ、というサイクルで仕事のやりがいが高まっていった。その結果、この会社は退職者が大きく減少し、離職率が大幅に改善した。

人材の採用、定着に有効な対策をチェックリストとしてまとめたので、参考にしていただきたい（【図表5-6】）。

企業事例

第3章で紹介した三和建設が、独自の採用戦略を展開して成果を上げている。そこで、同社を採用戦略のモデル事例として取り上げたいと思う。まず、同社の人財採用関連の活動実績を数値面で確認してみたい。

①エントリー数九五四名→説明会・一次選考二〇〇名→二次選考五〇名→三次選考二五名→四次選考（社長面談）一五名→最終五次選考へ
②選考基準：理念共感型・成長型選考
③一人当たり面談時間：一三八時間
④社長の関わり：二三日（社員工数七二二人）

⑤トータル採用コスト：三〇〇〇万円（外部コスト）
⑥一〇名内定→一〇名採用

これらの数値に基づき、三和建設が展開している取り組みについて述べていく。まず、同社が推進している「理念共感型・成長型選考」とは、五次に及ぶ選考過程において、学生と同社が密なコミュニケーションをとることで、最終面接まで終われば理念や価値観が共有されている状態をつくり上げる。また併せて、学生自身に成長イメージや将来設計について考えてもらう。「自分は何をやりたいのか」を面談で確認することで、最終的に違う会社へ就職する学生もいるという。

多くの時間と人員、労力も要する選考方法を導入した目的は、学生と同社が互いに徹底してマッチング度を見極めることで、理念に共感している人財だけで集団を形成するとともに、入社後のミスマッチによる離職を防ぐことにある。この結果、同社は「実際に就職するかどうかにかかわらず、一度は選考に参加したい会社」という認識が学生の間で広まり、多くのエントリー数を確保するに至っている。

具体的な選考ステップは、一次選考から最終五次選考まである。選考プロセスは次の通りだ。まず、同社採用のための母集団は、インターンシップ、ウェブ、合同企業説明会で集める。イ

図表5-7　三和建設の経営理念とミッション・ビジョン・行動指針

【経営理念】
つくるひとをつくる
【ミッション】
●お客さまにとって、“使える建物”（機能的、現場目線、シンプルなど）を提供する。
●社会にとって、“有用な建物”（長持ち、環境にやさしい、合法的など）を提供する。
●かかわる人々にとって、“かけがえのない存在”で“あり続ける”。
【ビジョン〜5年後のなりたい姿〜】
●食品工場のファーストコールカンパニーとなる。
●エス・アイ集合住宅のナンバーワンになる。
●提案品質No.1となる。
●グループ全体の経常利益3億円を継続的に出せるようにする。
●誰に対しても、言うべきときに、言うべきことを、自由に言える社風にする。
【行動指針】
1.自分ひとりで仕事をするのではなく、周りを巻き込み、周りから巻き込まれます。
2.失敗を恐れず、自分で考えて主体的に行動します。
3.「体験」を「経験」とすることで知恵を蓄積します。
4.自分にしかできない仕事は何かを考え、正しい優先順位付けをもって行動します。
5.お客さまを誰よりも理解します。
6.決めたことができているか常に振り返ります。
7.社員である前に、よき社会人であります。
8.凡事を徹底します。
9.追求します。

出典：三和建設ホームページ

ンターンシップについては、1day／5daysインターンシップを複数回にわたって大阪・東京で実施（8月末〜翌年2月）している。また合同企業説明会は、「マイナビ」（東京・大阪）、「大阪建設業協会」「リクナビ」「大学生協関西北陸事業連合」などで実施している。さらにウェブでもYouTube動画広告を展開するなど、幅広く母集団を形成している。

そして一次選考（会社説明会を兼ねて東京・大阪で二日ずつ実施）、二次選考（一泊二日の合宿形式で大阪・東京にて一回ずつ実施）を通じて、学生たちは同社の経営理念や考え方への理解を深めるという。四次選考では同社の社長と面談し、最終の五次選考で終了となる。トータル一人当たりの面談時間は一三八時間にも及ぶという。

三和建設の経営理念は、「つくるひとをつくる」（【図表5-7】）。この理念に込められた想いは、「ひとづくりこそが企業の存在意義そのものである」という「ひと本位主義」のメッセージである。建設業は構造物というハード面が注目されるが、それ以外にも技術や価値、お客さま、信頼、社会、仲間、会社、歴史といったさまざまなものをつくっている。そして、それら全てを創造するのは「ひと」だ。そのため同社は、これまでの社歴はひとづくりの歴史であったと総括し、人材育成に注力している。そんな想いをまとめたものが、一四〇ページに及ぶビジョンブック『コーポレート・スタンダード』である。この冊子には、経営理念や会社の基本方針、重点目標、共有事項などを明記している。同社はこれを毎年作成し、全社員に配布。期末に回収して中身を更新したものと交換し、常に最新の想いを共有している。

三和建設の人財育成のポイントは、次の三点が挙げられる。

一点目は、ＯＪＴで若手にチャンスを与えること。一歩先の難しい仕事にチャレンジさせている。二点目は、体系的に学ぶための企業内大学「ＳＡＮＷＡアカデミー」を設立し、Ｏｆｆ-ＪＴで学ぶ機会を設けて知識の習得を支援している。そして三点目が、人間力の形成だ。外部セミナーも活用し、人としての強さと魅力を高めることに取り組んでいる。こうした人財重視の経営が高く評価され、米国の意識調査機関（Great Place to Work）が実施する「働きがいのある会社（従業員一〇〇～九九九人部門）」ランキングにおいて、同社は四年連続（二〇一五～二〇一八年版）でベストカンパニーの一社に選出されている。これも、採用における効果的なブランディングである。

なお、同社が最終的に外部へ支払った採用コストは約三〇〇〇万円である。これは、同社の新卒入社の過去三年間の退職者数がわずか一名という定着率の高さを考えると、決して高くない戦略投資といえる。

成功要因の着眼点

採用戦略で成功するためには、大きく三つのポイントがあると筆者は考えている。

◎経営者の採用に対する時間配分

一つ目のポイントは、「経営者の時間配分」である。先のモデル事例で紹介した三和建設では、社長が採用のために割いた時間は「二三日間」だという。例えば、合同企業説明会の会場へ社長自らが出向き、そこで学生に直接、自社の社会的役割や企業理念について語っている。同社の説明会は多くの学生が集まる人気ブースとなっているのも、社長自らが深く採用に関わっているからこそだといえる。中堅・中小建設業で新卒採用に成功している企業は、同社のように合同企業説明会などへトップが顔を出し、学生と話をするケースが多い。

◎経営理念の共有

二つ目のポイントは「価値観の共有」だ。企業の価値観の原点は経営理念であり、通常の企業では入社後教育において経営理念を説明し、理解させている。しかし、採用に成功している企業は、採用段階から会社の考え方や理念を学生に理解してもらい、さらには「将来、わが社はこんな会社になりたい」というビジョンについても共有し、最終面接ではすでに価値観を理解・共有した状態となっている。そのような状況をつくり出すことが、採用のミスマッチ防止につながるといえる。新卒者は成長する企業に集まる。経営の基盤である理念や、これからの未来像といった価値観を、ぜひ採用段階から共有していただきたい。

◎キャリアアッププランの明確化

三つ目のポイントは、「キャリアアッププランの明確化」である。新卒者は自分が入社した後のキャリアアップがどのように行われ、「自分磨き」ができるかを会社選びの重要なポイントに置いている。実際、離職理由として「この会社では成長実感が持てない」「自分が描いていたキャリアアップを望めない」など、入社後の教育体制への不満を挙げる人も意外に多い。「働き方改革」は大事だが、それと併せて「教え方改革」「学び方改革」も大事なのである。

早期戦力化

現在の高齢化問題や今後の技能者不足などを考えると、建設業においては人材の早期戦力化が不可欠である。しかし、建設業界の人材育成はほかの産業に比べると前近代的であり、業界特有の課題が存在している。具体的には、次の三点が挙げられる。

- **〝上司の背中を見て仕事を覚えろ〟式の教育スタイル↓「目で見て盗め」では人が育たなくなっている**
- **教える側（トレーナー）のスキルが平準化されていない↓人材の成長スピード度合いにばらつきが起きる**
- **自部門のことは詳しいが他部門のことはよく知らない↓全社的視点から物事を判断できる人材がいない**

このような課題が発生している状況では、人材の早期戦力化が難しい。さらに、中期ビジョンを構築しても、実行する人材が少なく組織を組めないため、ビジョンの実現は結果的に不可能となる。

この課題を解決するための突破口は三つある。

一つ目の突破口は、「ＩＣＴの活用」である。人材育成における最近の傾向として、ＩＣＴの活用が積極的に行われている。例えば、中堅ゼネコンの「淺沼組」（大阪市浪速区、淺沼誠社長）では、土木現場で働く技能労働者にＧＮＳＳ（全地球航法衛星システム）受信機付きのモーションセンサーを搭載したヘルメットを装着させ、作業員一人一人の動きを計測してデータ化し、熟練者と未熟練者の動きの違いを「見える化」することで、日々の作業改善や技術伝承につなげている。

また、教育方法についてデジタル化が進んでいる。親方の仕事を見て盗むというスタイルから、〝見て盗む〟対象が「ＤＶＤの映像」に変わってきた。これによって教えるインストラクターのばらつきを軽減できるほか、スロー再生や一時停止で繰り返し視聴して訓練することで育成のスピード化が図れる。タブレット端末を使い、自社のベテラン職人のみならず、世界的に有名な職人のＤＶＤ映像を教育訓練に活用している企業もある。

二つ目の突破口は、「多能工化」である。多能工化は製造業で広く行われているが、建設業に関しては今まであまり取り組まれてこなかった。その要因は、一つの職種に秀でた技能者が、タイトな工期と長時間労働に追われる中、さらに二つも三つも技能を身に付けることができな

図表5-8　多能工化モデル事業のイメージ

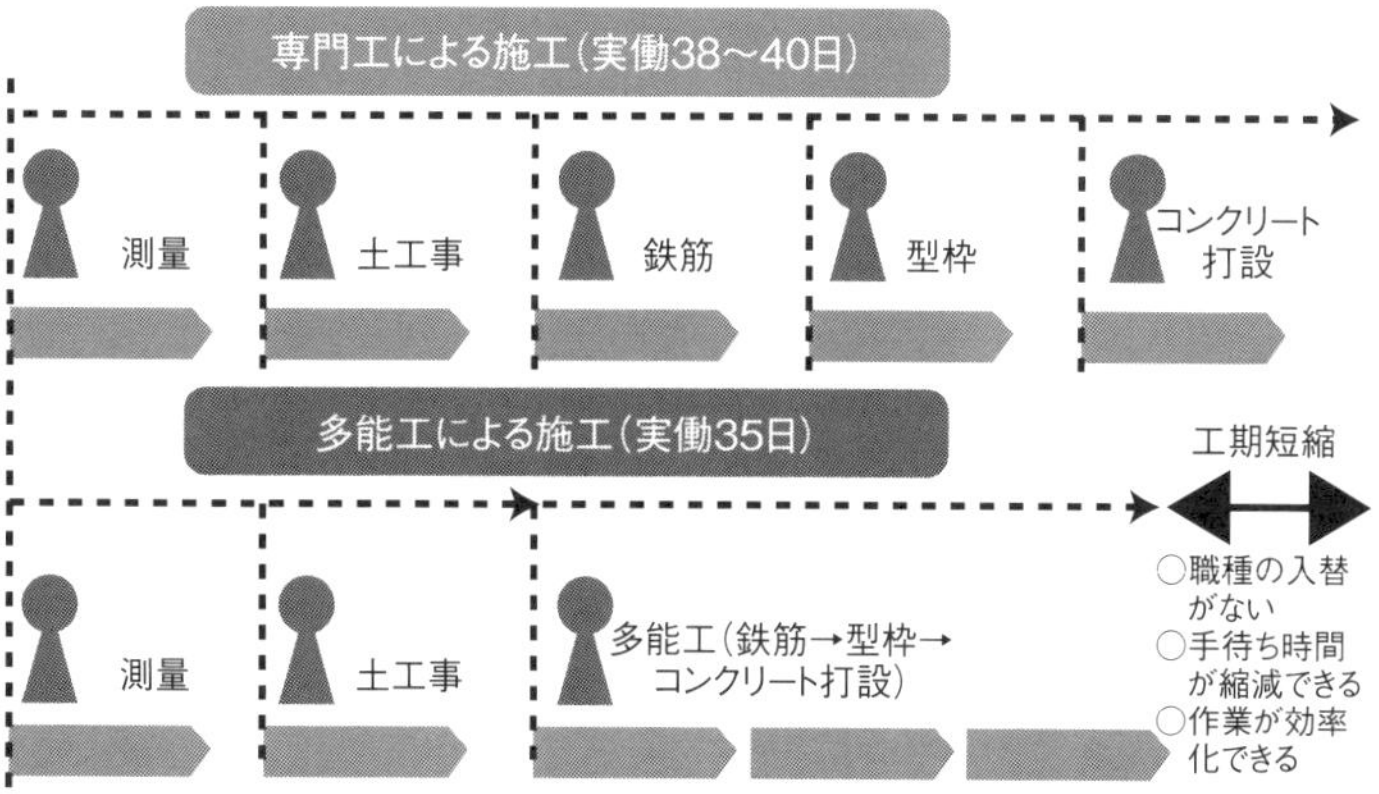

出典：国土交通省・厚生労働省「建設業の人材確保・育成に向けて（平成30年度予算概算要求の概要）」（2017年9月）

かったからだ。また、どの技術も中途半端になるという懸念や、安全性を確保するため一つの業務に特化すべきとの考え方も、多能工化が行われなかった理由でもある。だが最近は、ボード工に軽天工事を教える内装工事企業や、とび工にＡＬＣ（軽量気泡コンクリート）工事を教育・訓練する建設企業なども見られ、現場の効率化を図る動きが出始めている。

また国土交通省は現在、中堅・中小建設業の生産性向上を目的に、技能者の「マルチクラフター（多能工）」の育成・活用支援に乗り出している。具体的には、地域の中堅・中小建設業で構成するグループなどを対象に、多能工育成・活用計画の策定と実施を支援するモデル事業を推進。土木では鉄筋、型枠、コンクリート打設、建築では塗装、防水、内装など職種間での多能

図表5-9　キャリアアップ体系のイメージ

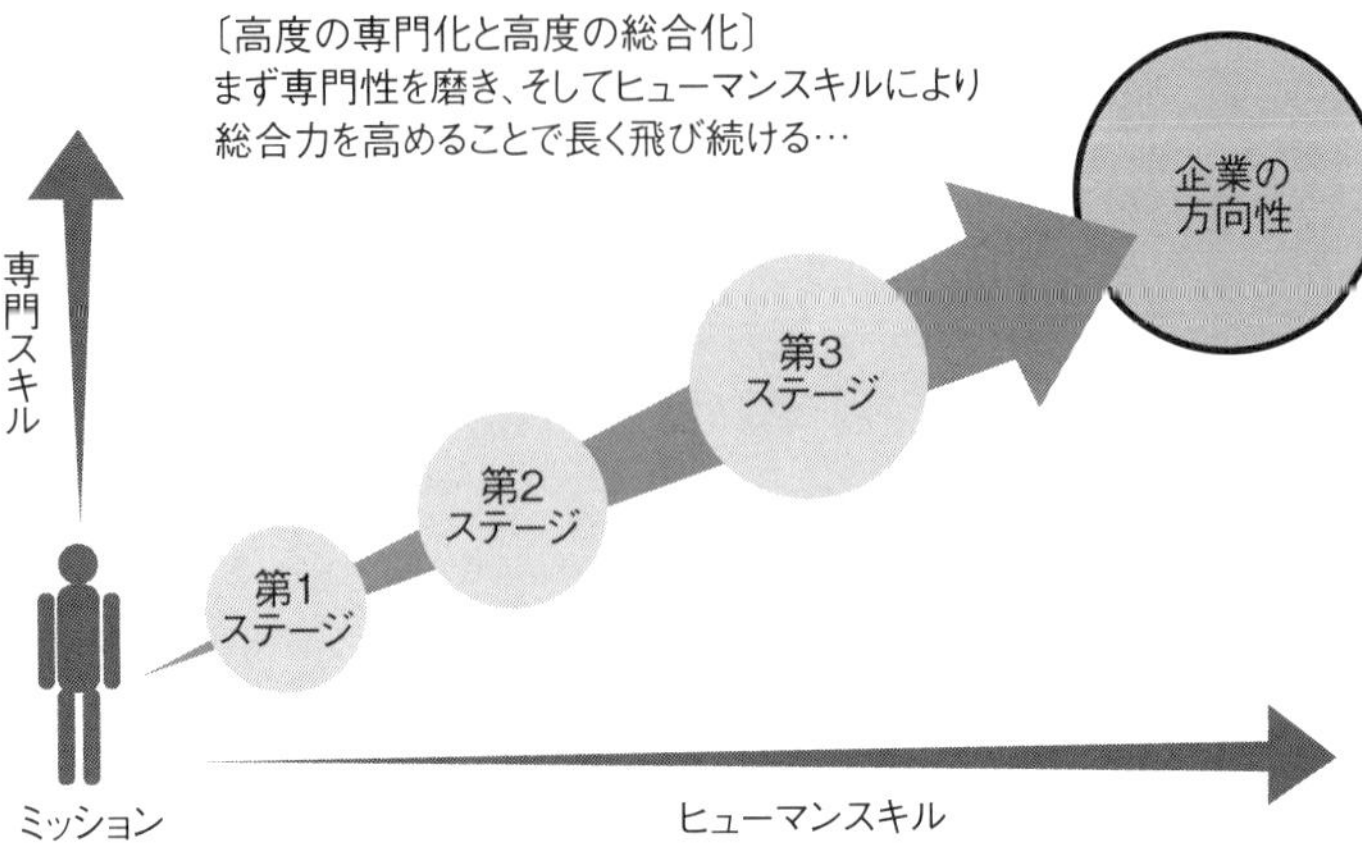

出典：タナベ経営

工化をイメージしている（【図表5-8】）。こうしたモデル性の高い多能工化への取り組みには、一件三〇〇万円を上限に多能工の育成経費を助成するとしている。

三つ目の突破口は、「企業内アカデミー」である。これは会社のビジョン実現に必要な「あるべき人材像」を明確にした上で、教育制度を〝大学〟として仕組み化することで、人材の早期戦力化、教育の標準化と効率化を図る育成システムである。具体的には、習得すべきスキルを「専門スキル」と「ヒューマンスキル」の両軸で整理。専門スキルを集中的に高度化し、その後にマネジメントなどのヒューマンスキルを習得していく。専門スキルについては、営業、設計、建築、土木など、職種別にビジョン実現のための必要なスキルを講座化し、営業社員でも設計の基本講座を受講することができるなど、部門の垣根なく受講できるシステムである。

インプット主体のＯＪＴだけでなく、現場で体感するＯｆｆ‐ＪＴの仕組みを加えることで、立体的な教育が可能となる。さらに、「社内講師認定制度」を設けることで、教えるトレーナー側の能力のばらつきも平準化することができる。このように教育（人材育成）を体系的に整理することで、早期の人材育成が図れるようになる。

また、採用強化や離職防止といった観点から見ても、企業内アカデミーはプラス材料となる。新卒者の多くは入社後のキャリアアップを重要視している。企業内アカデミーの整備によって個人のキャリアアップが体系的に見えることになり（**【図表5‐9】**）、早期離職を防ぐだけでなく、新規採用においても大きなアピールポイントになる。人材不足時代において、企業内アカデミーは重要なテーマであるといえる。

企業事例

人材育成を仕組み化し、「学び方改革」を行っている事例として、若手技能労働者の育成を進めている二つの職業訓練校を紹介しよう。「大林組林友会教育訓練校」（埼玉県八潮市）と、「一般社団法人利根沼田テクノアカデミー」（群馬県沼田市）である。

大林組林友会教育訓練校は、二〇一四年に大手ゼネコンの大林組と、同社の協力会社組織である林友会連合会が合同で開設した教育訓練機関である。林友会加盟各社の幹部候補や将来のスーパー職長候補となる人材の育成、および若手技能職への技能伝承支援を目的とし、約二カ月（延べ四三日間）にわたり技術習得や技能士検定対策などを受講する。パソコンの使い方に始まり、CAD、安全管理など基本的な知識についても学ぶことができる。現在、三コース（とび工、鉄筋工、型枠大工）で訓練を実施している。

また、利根沼田テクノアカデミーは、建設業の担い手確保を実現するべく、全国建設業協同組合連合会や群馬県建設業協会など各団体が連携し、短期間かつ実践的な訓練による専門工事業の技能継承を目的としている。同時に、過疎地域の活性化、廃校などの遊休施設の活用を行い、さまざまな課題を解決するモデル構築を目指している。同アカデミーでは「人材育成・確保」「地域活性化」「遊休公共施設活用・過疎対策」という三点をポイントに掲げ、担い手の育成だけでなく地方創生にも貢献している。コースとしては、「板金」「瓦」「大工技能」「設備技能」「ドローン技能訓練」などを開講している。

次に、中堅・中小建設業において展開されている企業内アカデミーの事例を紹介していく。現在、アカデミーの創設を検討している企業が増えている背景には、大きく三点が挙げられる。

●現場が分散しているため、現場作業に必要な知識・技能の習熟を「現場監督者の指導力」

と「本人の意思」に依存せざるを得ない

- **現調（現場調査）・積算・見積もり・契約・施工・実行予算管理・工程管理・引き渡しまでの一連の流れ、それぞれのカン・コツ・ツボをつかむのに、そもそも時間がかかる**
- **一品オーダー商品のため、経験を積むのに年数がかかる**

これらに加えて、〝背中を見て覚えろ〟式の教育体制では時間がかかり、その間に新卒者や未熟練者は嫌になり、辞めてしまう。それを解決するのが、企業内アカデミーである。実際、アカデミー設立を通じて、自社の業務遂行に必要なノウハウの体系を見える化することで、何からどのように学ぶのかが明確になり、学習スピードが上がった建設企業も少なくない。また、採用面でも副次的効果を発揮しており、独自の育成システムとして会社説明会などでPRすることで、大手建設業と肩を並べるほど就活生から人気を集めるケースもある。入社後のキャリアアップ体系をはっきり示すことで、「自分を育ててくれる会社」だと認識してもらえるというメリットもある。

では、こうした企業内アカデミーを、どのような手順で開設すればよいのだろうか。次に、設立に向けたステップを述べていく。

〈STEP1〉ひとづくり状況確認とビジョン共有による教育体系づくり

ここでは、①トップヒアリング（人に対する考え方）、②これまで行ってきた教育・研修の実態確認、③スキル（技術・能力）の棚卸し（業務マニュアルの内容確認）、④ひとづくり体系図の作成、という順で自社のひとづくりに対する現状をしっかり押さえる。

〈STEP2〉アカデミーガイド（ブック）づくり

次に、①アカデミー設立の目的、②アカデミーの概念図づくり、③カリキュラムの選定・明確化、④業務マニュアルに基づくコンテンツ（目次）案の決定、⑤年間カリキュラムの策定、⑥受講ルールの整備、など運営面を含めた中身の決定を行う。

〈STEP3〉アカデミー運営・コンテンツ制作方針の策定

この段階では、①必修・選択科目のカリキュラムの決定、②アカデミー運営フローの策定、③コンテンツ制作の方針策定、④アカデミー設立に向けた事前告知、などを作成する。カリキュラムを具体的に落とし込み、コンテンツの制作方針などを決定する。

〈STEP4〉アカデミー運営チームのデザイン

ここでは、①事務局体制の確立、②カリキュラムの見直しルール策定、③社内講師登録条件の決定、④アカデミーの見直しルール策定、などを行う。見直しや運営ルールを決めておかなければ継続が難しくなる。自社に合った形でしっかりと落とし込みを行いたい。

〔STEP5〕アカデミー開校

これらのステップを、約六カ月の間で組み立てていく。また企業によっては、これらの内容をデジタル化し、クラウドに落とし込むことで、スマートフォンやタブレット端末などを使い、いつでも隙間時間に受講できるようなシステムを導入・活用するケースも増加している。

もっとも、こうした育成システムを実効性のあるものとして運用していくためには、評価制度と教育制度の連動性を高める必要がある。日本建設業連合会（日建連）の調査によると、同会会員企業約一四〇社のうち三二社が「優良技能者認定制度」を運用しているという（二〇一七年六月現在）。同制度は「マイスター」「スーパー職長」といった称号を優良な技能者に与え、手当を支給する評価・認定システムである。手当支給額（日額）は二〇〇〇円前後の企業が多い。

例えば、鹿島建設では二〇一五年度から、主要な協力会社を中心に同社の現場で活躍する技能者と職長の中で特に優秀な人材を「鹿島マイスター」として登録し、現場で働いた日数に応じて直接手当を支給する「優良登録職長手当制度（通称・鹿島マイスター制度）」を運用している。二〇一六年度、二〇一七年度に支給額を増額するなど、施工のキーマンとなる職長に長く同社の現場で従事してもらえるよう、制度の充実を図っている。

また西松建設は、「上級職長認定制度」「西松マイスター制度」を二〇一一年から全社展開し、二〇一六年度累計で計一三八名（上級：一一七名、西松マイスター：二一名）が認定を受けている。同社では二〇二〇年までに上級職長（二〇〇名）と西松マイスター（四〇名）を合わせて二四〇名に増やす目標を掲げている。このほか、大林組や竹中工務店が職長を目指す若手技能者を対象とした手当を新設するなど、将来の優良技能者の候補生を育成・確保しようという動きも広がっている。

このような社内資格制度を、企業内アカデミーに組み入れることで育成効果はさらに上がる。講師についても、資格制度の中に盛り込んでいくと効果的である。

一方、行政においても、技能者の評価の仕組みが構築された。国と主要建設業団体が連携し、建設業振興基金が運営する「建設キャリアアップシステム」（二〇一八年一〇月から運用開始）である。同システムは、技能者の保有資格や社会保険加入状況、現場の就業履歴などを業界横断的に登録・蓄積するものだ。建設業の技能者はほかの産業従事者と違い、さまざまな事業者の現場を渡り歩いて経験を積むため、個々の技能者の能力を統一的に評価することが難しく、能力や経験が処遇に反映されにくかった。そのため技能者にＩＣカード（キャリアアップカード）を配布し、現場入場時にカードリーダーで読み取ることにより、個人の就業履歴（誰が、いつ、どの現場で、どのような作業に従事したのか）がデータベースへ蓄積されていく仕組みを構築。

これによって技能者の評価の適正化や処遇改善を図るほか、将来の建設業の担い手確保につなげようという狙いがある。

国交省では運用開始一年後（二〇一九年）に約一〇〇万人の登録、五年後をめどに全技能者の登録を目指すとしている。また日建連は、登録現場に入場する全事業者（下請け企業）と技能者に登録を求め、二〇二三年度からカードのない技能者の入場は原則、認めない方針という。こうした官民一体となった評価システムの運用は、技能者の資格や教育に対する意識をさらに高め、早期戦力化を後押ししていくと考えられる。

成功要因の着眼点

人材の早期戦力化における成功要因は、次の三点が挙げられる。

◎「学び方改革」の推進

〝背中を見て覚えろ〟式の育成スタイルは、もはや通用しない。教える側も、教えられる側も、自らが変わらないと人材育成は失敗する。教育を仕組みやシステムに落とし込み、学べる環境を整備する必要がある。

◎将来に起こり得る人材不足は早期戦力化と多能工化で補完する

人材力を底上げするため、早期戦力化と多能工化を促進していく必要がある。特に、企業内アカデミーと教育訓練システムの構築は、早期戦力化や教育の標準化・効率化を行う教育改革の仕組みとして有効である。

◎人事評価制度との連動性の強化

人材育成を成功させるためには、人事評価制度や資格手当との連動性が非常に大切となる。これは逆も同様だ。評価制度をより成果が上がるものにするには、能力の向上を補完する人材育成システムが必要となる。また、新卒の学生は就職先を選ぶポイントとして、キャリアアップができる企業かどうかを重視している。したがって教育・評価・採用は、いずれも切り離せない項目といえる。教育・評価・採用を個別に考えるのではなく、それぞれを連動させる人材戦略としてアプローチしていただきたい。

活躍度向上

技能者不足への対策として、人材の活躍度向上も外せない項目である。特に、建設業におけ

図表5-10　就業者数に占める女性比率(産業別、2018年1月時点)

産業別	比率
全産業	43.9%
医療、福祉	75.5%
宿泊業、飲食サービス業	60.9%
教育、学習支援業	57.0%
卸売業、小売業	52.5%
サービス業	39.8%
農業、林業	37.7%
製造業	30.2%
公務	26.6%
情報通信業	26.3%
運輸業、郵便業	20.5%
建設業	16.5%

出典：総務省統計局「労働力調査(基本集計)2018年1月分」

る人材活躍の重要ポイントは、「女性活躍」を支援する体制づくりだ。国土交通省も「もっと女性が活躍できる建設業」を目指し、女性技術者・技能者の増加を進めている。とはいえ、就業者数に占める建設業の女性比率は、全産業の中でも最も低い水準である(**【図表5-10】**)。

国土交通省が建設業五団体の会員企業一五八八社に行った実態調査(二〇一五年一二月)によると、女性活躍を推進する上での問題や課題として、「体力が必要な工程が多く、女性の担当業務が限られる」(五二・七%)との回答が最も多く、次いで「女性は時間外労働等させにくいイメージがある」(三八・七%)や「家庭との両立をフォローアップするための人員の余裕がない」(三六・三%)、「休業中の代替要員確保が困難」(三四・七%)などが上位を占めている。女性の採用を強化する以前に、現場の環境改善から実施しなければならないのが実情だ。

建設業は業務の特性上、女性が従事するには厳しい現場環境も確かに存在する。その一方で、i-Constructionの進展（ICT建機、BIM導入など）によって、女性が活躍しやすい環境の整備が広がり始めていることも確かだ。現在の業務の中で活躍の場を見つけることも大事だが、ICTを活用して新たな活躍の場をつくるという観点で取り組むことも重要である。

また、施工現場の肉体労働ではなく、現場とIoTでつながりオフィスから現場業務に参画するという役割で女性に活躍してもらう手法もある。例えば、建設関連のソフトウエアベンダー「京都サンダー」（京都市上京区、新井恭子社長）は、「建設ディレクター®」を提唱している。建設ディレクターとは、経営と現場とオフィスを結ぶ中心に位置し、次の三つの機能を発揮する役割を担う。

一つ目は、「建設フロントマネージャー機能」である。これはITスキルとコミュニケーションスキルで現場を支援する役割を担う。各種届け出書類の作成など建設業の仕事を幅広く理解することで、オフィスから現場を支援する。現場との連携を図ることで、生産性向上に貢献していく。

二つ目は、「積算マネージャー機能」である。現場担当者からの情報を基に積算を算出、作成する役割を担う。公共工事に関する知識、積算の基礎を学ぶことで理解を深め、実際にパソコンを使い、設計書の作成を実践的に行う職務である。

三つ目は、「建設コストマネージャー機能」。コスト管理の重要性と手法を習得して、現場との連携によりコスト管理業務を支援、分担する。現場との協働による一体感で、作業効率化と建設コストの軽減に取り組む。

「女性活躍」というと一見、ヘルメットをかぶって現場をパトロールするというイメージを持たれがちであるが、現場以外にも女性が活躍できる役割や仕事はまだまだある。

また、人材活躍という意味では、女性に加え、外国人労働者の活躍も視野に入れなければならない。現在、外国人労働者の雇用に向けた制度改正も進んでおり、政府は二〇二〇年度までの時限的処置として、即戦力になり得る外国籍人材の活用促進を推進することを決め、「外国人建設就労者受入事業」を開始している。具体的には、技能実習修了者を二～三年間、国内建設業務に従事させることができる制度で、建築大工、とび、石材施工など二一職種三一作業のほか、鉄工、塗装、溶接の三職種五作業などにも適用されている。また、外国人就労者の帰国後の活用実現に向けたシステムの構築にも取り組み始めている。

このように、中堅・中小建設業において、人材戦略の構築は必要不可欠なテーマである。採用・育成・活躍の視点から、環境変化に応じて自社の取り組みを進化させていただきたい。

企業事例

社内のチームリーク力を強化した全員参加型経営の事例として「中村建設」を紹介する。同社は奈良県奈良市に本社を置く年商三〇億円、社員数四〇名の総合建設業だ。一九四九年の創業以来、公共工事を主体に地域有力ゼネコンとしての地位を確立してきた。

同社の事業エリアである奈良県は、盆地という地形や未発掘の遺跡が多いという土地柄のため、もともと土木工事や開発事業が少ない。その上に財政の悪化も手伝って、工事需要も縮小が続いた。同社は売上高の六～七割（ピーク時は八割）に及ぶ公共工事への依存体質が裏目に出て、次第にジリ貧状態に陥っていった。その後、民間工事へのシフトを目指したものの失敗、一時は数億円に及ぶ赤字を計上するなど経営が危機的状況に至った。

業績悪化を契機に、二代目社長の中村光良氏は「経営とは何か？」についてじっくりと考えた末、「経営者は常に経営理念からブレずにいられるかが大事」であることに気付いた。そして、経営理念を軸とした全員参加型のチーム体制づくりにかじを切った。以降、同社は黒字に転換し、持続的成長を遂げている。

同社は、経営理念を軸とした、全員参加型のチーム体制づくりが大きな特徴である。例えば、エマジェネティックス理論（脳科学に基づく人間の思考・行動分析）に基づく「四つの思考スタイル」を活用して、プロジェクトチームの編成を行っている。四つの思考スタイルとは、「分析型（論理的、理性的）」「ディテール型（実用性を重視、慎重）」「コンセプト型（創造的、挑戦的）」「社交型（人間関係を重視）」を指し、互いにプロファイルを理解して付き合うと、人間関係が劇的に変化するという。同社の社員は皆、四つの思考スタイルによって、「赤、青、黄、緑」に色分けしたネームプレートを付けており、プロジェクトチームを編成する際の最適な人の組み合わせに活用している。

また、社員の自立を促すために活用している「四つの手法」というものもある。一つ目の手法は、「オフのときに人間同士の横のつながりができれば、仕事での縦のつながりもうまく成立する」という考えから、例えば、社内バーベキュー大会を企画するなど、社員の横のつながりを強めるというものである。

二つ目の手法は、「社員の意識をレベルアップさせるには一緒に感動を共有することが重要」と考え、経営者と社員の「共通の学び」「共通の行動」「共通の経験」の場を積極的に提供している。例えば、経営者が参加する勉強会や展示会などへ、社員も一緒に参加するようにしている。費用はかかるものの、社員の意識が向上し、自発的に行動するようになるため費用対効果は高い。建設業界は経営者同士の交流はあっても、社員同士の交流の場が少ないことに気付き、会社の枠を超えた技術者交流の機会をつくったのである。

三つ目の手法として、「同じ目的、同じ手法を共有できれば、成果は何倍にも何十倍にも跳ね上がる」という考えのもと、TOC（制約理論）を応用した「ODSC活動」を実践している。ODSCとは、「Objective：目的、Deliverables：成果物、Success Criteria：成功基準」を意味する。会議では、物件ごとにODSCを確認し、成功事例の共有化を図るとともに、無意識に目的を考えることができる思考づくりを行うことに役立てている。このODSCシートは工事現場に掲示し、近隣住民とのコミュニケーションツールとしても活用している。

最後の四つ目の手法は、「社長不参加の役員会設置」である。同社の役員は四〇代と若い世代で構成されているが、社長がいると、無意識に依存してしまうこともあった。そこで年間の数値目標を役員陣で設定し、社長は承認するだけにした。すると、責任感が一気に高まり、経営者の目線に近づくことができたという。社長の役割は、「承認・決裁」「理念に基づく方向性の検証」「未熟成部分の補填」に限定している。

中村氏が「全員参加型のチーム体制づくり」にかじを切った背景は、経営危機から脱却を図る過程を経て、自分自身が経営者として成長する一方で、社員が育っておらず、社員との意識・価値の共有がますます困難になっていることへの気付きがあった。「社長不参加の役員会」は一見、無謀な試みのように見えるが、そこには「責任の重大さに躊躇《ちゅうちょ》して、頭で理解していても行動に移せない」役員の意識を何としても変えたいという強い信念から出たアイデアなのである。

同社は、四つの思考スタイルに基づいた「プロジェクトごとに最適メンバーが集まる仕組み」を構築し、「経営者と社員の感動の共有」や「ＯＤＳＣ活動」などによって、「社員という『チームメンバー全員』がリーダーシップを発揮する」組織づくりに成功している。「人を育てずに実現できるビジョンは、ビジョンそのものが間違っている」と中村氏は言う。同社はまさに「人育てによるビジョン実現」を果たす企業のモデルである。

なお、中村氏は「建設業が社会から厳しい目で見られる、あるいは好感度が低いのは、業界側に問題があると思う。工事現場に囲いをつくることは安全確保面の目的はあるが、囲うことで『近隣住民と接しなくてもよい。現場もきれいにする必要もない』という精神的閉鎖空間をつくることになり、それが市民との温度差を生んでいるのではないか」と述べている。同社では、現場を囲う白いフェンスを透明にした。これにより、少しでも近隣住民との距離が縮まることを願っている。

成功要因の着眼点

人材活躍において、大きく成功するためのポイントとして三点を次に示す。

◎女性活躍に向けた制度設計が必要

建設業界はほかの業界に比べ、女性活躍という観点で後れを取っている。ただし、女性がいきいきと活躍している建設企業は存在し、非常に活気ある組織風土を形成しているケースも少なくない。

筆者は女性活躍において最も大切なポイントは、制度変更であると考えている。例えば、先に述べた加和太建設は、従業員数に占める女性の構成比が約四〇%を占める。同社は、女性活躍のために人事処遇制度を変更している。「短時間正社員制度（子の育児を行う場合、通常は三歳までだが同社は小学校六年生までが対象。その他特別な事情がある場合にも適用）」「フレックス制度」「在宅勤務制度」などである。こうした取り組みにより、産前産後・育児休業を利用した女性従業員の一〇〇%が職場復帰している。実際、同社の女性従業員からは、制度が整備されているために働きやすいとの声が聞かれた。

女性が活躍している会社は、女性が働きやすいような制度設計が行われている。建設業においては、女子更衣室や女子トイレを設けるといった現場環境の改善だけでなく、働きやすさを阻害する本質的な課題を押さえ、しっかりと改善していく必要があると考える。

◎全員活躍で仕事をシェアする

建設業では専門性を重視する風土が根付いているため、仕事をシェアするという風土が薄い業界ともいえる。だが、人手不足が常態化する今後を考えると、これまでの仕事の枠組みを超え、仕事をシェアするという発想が大切になってくる。例えば、〝事務〟という従来の枠組みを超えて、経営と現場とオフィスをつなぐフロントマネジャー的な役割を担うといった〝多能職化〟によって、それぞれの業務をフォローできる体制がとれる仕組みに変える必要もある。

その際の重要なポイントは、業務を任される側の受け入れる姿勢である。建設業界でありがちな、任せる側が一方的に仕事を丸投げするのではなく、任される側との双方でしっかりとコミュニケーションをとりながら、サポート体制を構築しなければならない。コミュニケーションによってチーム力が高まり、ひいては全員活躍経営につながっていく。

◎機能分化と自発的行動の促進

社内全体が一つのチームとなって、効率的かつ最短距離で動くためには、「機能分化」も重要となる。経営者・幹部の役割、各部門・各個人の役割、その上で全員参加型経営を推進していく。共通の目的に向かって知恵を絞りながら成果を上げるためには、各自の自発的行動が大切になってくる。

そのためにも、役員、部門長、マネジャーの三層に分けて階層別研修を実施し、外部の経営者を講師に迎えて生の声を聴く、あるいは自ら企業内アカデミーの講師を務めるなどして、事業センスと経営センスを錬磨する。また、前述した中村建設の「社長不参加の役員会」のような、トップへの依存心をなくすチャレンジングな試みを通じ、責任感があり、自発的行動をとる人材を育てていくのもよいだろう。

その自発的行動を推進するためには、「変化することを恐れない（失敗しても責めない）」「改善に向けた現場からのボトムアップ提案」「仕事の目的の共有化」という三点による組織風土を構築する必要がある。

《後継者不在》対策

志を次代へ承継する「一〇〇年経営」

「百年一瞬耳（百年の時は一瞬にすぎない）」とは幕末の思想家・吉田松陰の漢詩の一節だが、〝平均寿命三〇年〟といわれる企業からすれば、「一〇〇年」は気の遠くなる時間に違いない。

「中小企業白書」（二〇一一年版）によると、企業が創業して一〇年後の生存率は七三％、二〇年後の生存率は五四％。創業二〇年で約半分の企業がマーケットから撤退（倒産・廃業など）している。なお、倒産企業の平均寿命は二三・五年（二〇一七年、東京商工リサーチ調べ）である。

事業が継続しない要因の一つに「事業承継」の問題がある。先に述べたように、中小企業経営者の二人に一人が、「自分の代で廃業」を予定しているという日本政策金融公庫の調査結果がある。その回答結果を見ると、廃業予定の理由として「当初から自分の代かぎりでやめようと考えていた」「事業に将来性がない」「後継者が見つからない」といった回答が見られた。これは建設関連の専門工事企業（特に小規模企業）からも同様の話を聞くことが多い。中長期的には、自社の事業継続性の問題に加え、協力会社の数も減少することが業界の課題になってくるだろう。

日本国内の創業一〇〇年以上の老舗企業数は約三・四万社。国内総企業数（三八二万社）に占める割合は〇・九％と、露店のくじ引きで当たりを引く確率並みに低い。しかし、企業の経営原則はゴーイングコンサーン（継続企業の前提）。永遠に経営を持続させていく社会的責任がある。企業は一〇〇年以上、経営を持続させることを前提に置かなければならない。そうでなければ金融機関はお金を貸せないし、顧客も安心して取引できない。「ずっと事業を続ける気はありません。私の代で会社をたたみますが、当面は続けますので取引してください」と言う経営者と取引したいと思うだろうか。「この会社で働かせてください。ただ、働き続けるつもりはありません」と言う人を雇用したくないのと同じである。いくら能力が高くても、やめることを前提にする人や会社は信用できない。

国内の老舗企業の業歴ランキングを見ると（宗教法人を除く）、日本で最も創業年が古いのは、五七八年に創業した社寺建築の「金剛組」（大阪府）。この年は聖徳太子の遣隋使派遣（六〇七年）やムハンマドのイスラム開教（六一〇年）よりもさらに古く、同社は現存する世界最古の企業である。すなわち世界最長寿の企業が、日本の建設企業なのだ。もちろん、この事実だけをもって、「国内の建設企業は事業継続に有利である」とはいえないかもしれない。しかしながら、建設業は他産業に比べ、「一〇〇年経営」の実現可能性が高いことを示唆しているとはいえないだろうか。

この一〇〇年経営を目指すためには、事業承継は避けることのできない取り組みであり、経営戦略上、外すことのできない項目といえる。ただ、事業承継の方法も環境変化と同時に多様化している。従来、事業承継といえば息子・娘やそれ以外の親族などへの承継（親族間承継）が主流であった。オーナー企業でよく見られる資本と経営の承継である。ただ、最近になって増えているのが親族以外の役員・従業員、社外の第三者への承継である。親族間承継とは違い、経営を承継する相手が決まっていないため、誰に承継するかを決める時間が必要であり、資本と経営を分離することも考えなければならない。

次に、建設各社が最も苦労している承継体制づくり、次世代体制づくり、ホールディング経営について触れていく。

承継体制づくり

一般的に、事業承継には「最低五年、長くても一〇年」の時間が必要だといわれている。事業承継を進めるために、まず実施しなければならないのが「承継カレンダー」づくりだ。誰にバトンを渡すのかを決めると同時に、次世代の経営体制をどのようにつくるかを、期限も含めて明確に設計する必要がある。承継カレンダーの一例を【図表5-11】に示す。

後継者に承継すべき経営資源は多岐にわたるが、「人（経営）」「資産」「知的資産」の三要素に大別される。「人（経営）」では、後継者の選定はもちろんのこと、経営に必要な能力を身に付けさせるためのスケジュール化、さらには組織体制の検討が必要となる。そして「資産」においては、主に自社株式を中心とする資本承継がポイントとなる。また「知的資産」においては、企業理念（創業の精神）を中心とする価値判断基準の継承が最も重要となる。これらを踏まえて承継カレンダーを作成する際に、考慮すべき重要なポイントは大きく五点ある。

図表5-11　承継カレンダー

事業承継マスタープラン（記入事例）

作成日：　　年　　月　　日
社　名：タナベ商事㈱
作成者：田辺　太郎

項目 ＼ 年度		2018年	2019年	2020年	2021年	2022年	2023年	2024年	2025年	2026年	2027年	2028年	2029年	2030年	2031年	2032年
1.会社沿革（社歴）		19	20	21	22	23	24	25	26	27	28	29	承継			
2.承継までの年月			1年	2年	3年	4年	5年	6年	7年	8年	9年	10年	11年			
3.社長の年齢		63	64	65	66	67	68	69	70	71	72	73	74			
4.後継者の年齢処遇	年齢	32	33	34	35	36	37	38	39	40	41	42	43			
	役職	営業部	管理部		社長室長		取締役		専務		副社長 オーバーラップ期間		社長			
5.現役員・幹部の年齢と処遇	山本専務	56歳	57歳 ←		専務		61歳 →	62歳 ←	副社長	64歳 →	退任					
	田中常務	54歳	55歳 ←		常務		59歳 →	60歳 ←		専務		64歳 →	副社長 ←→			
	鈴木部長	45歳	46歳 ←	部長		49歳 →	50歳 ←	取締役		53歳 →	54歳 ←	常務	56歳 →			
承継までにやるべきこと 6.持ち株比率	現社長	80	70	70	70	60	60	60	60	40	40	40	10			
	後継者	0	10	10	10	20	20	20	20	40	40	40	70			
	その他	20	20	20	20	20	20	20	20	20	20	20	20			
7.体制				後継者ブレーン人選 →					次期後継体制構築 →				確立			
8.後継者としてすべきこと		各部門を回り実務体験を得る		社長について経営を学ぶ			部門責任者として経営に参画		全般業務を見る		現社長とオーバーラップし、実質経営を行う					
9.その他																

◎後継経営者に経験してほしい部門（ポスト）は何かを明確にする

後継者が、いわゆる「管理畑」出身で、営業を経験しないまま事業を承継したため、社長就任後に顧客や事業のことが分からず苦労しているケースによく遭遇する。〝販売なくして経営なし〟といわれるように、事業承継を実施するまでに後継者にどの部門のどのポストを経験させるかを明確にし、スケジュール化しておく必要がある。

◎現役員の「今後の処遇」をどうするか決める

現役員は、業績の組み立てや組織を動かす上で核となっている場合が大半である。また、同時に、現社長の首脳メンバーであることが多い。事業承継したからといって、現役員を総入れ替えするのではなく、新旧のバランスをうまく協調させながら、組織経営を推進しなければならない。そのためには、現役員の年齢や役割を加味しながら、今後の処遇を決定する必要がある。

◎役員登用する候補者は誰かを明確にする（次期経営執行体制）

現役員と同時に決定しなければならないのが、次の役員に登用する候補者を誰にするか、である。後継者に不足している部分を補い、サポートできる役割を担えるメンバーを、経営チームとして〝組閣〟しなければならない。会社組織の大きさに応じて、どのポジションに何人の役員を配置するか、などを見据えた上で決定する必要がある。一方、中堅・中小企業の場合、限られた幹部・役員メンバーで経営しているため、ポストに対し最適な人材を選定できないことがある。その場合は、外部から招へいするなど、新たに人材を採用することも視野に入れて承継後の組織を組み立てなければならない。

◎資本承継対策

先に示した三要素のうちの「資産」が資本承継である。資本の承継とは、事業を行うために必要な資産（設備や不動産などの事業用資産、債権、債務など）の承継を指す。会社形態であれば、法人所有の事業用資産価値を包含する自己株式の承継が基本となる。株式・事業用資産を贈与・相続により承継する場合、資産状況によっては多額の贈与税・相続税が発生することがある。税制改正（事業承継税制）によって贈与税・相続税の特例措置（納税猶予および免除制度）が設けられ、適用条件を満たせば税負担が軽減されるようになったものの、後継者に一定の資金力がなければ、株式・事業用資産を分散して承継するなど、租税負担に配慮した承継方法を検討しなければならない。

◎価値判断基準の承継

経営面では、後継者が必ず受け継がなければならないのが、最も大切な「価値判断基準」である。すなわち、企業理念（創業の精神）だ。会社によっては、行動指針やクレド（信条）といった形で落とし込まれている場合もある。いずれにせよ、承継後の判断基準としてしっかり理解し、順守しなければならない。さらに、事業として守っていかなければならないのが、会社の「存在価値」である。存在価値とは、自社の固有技術と顧客ニーズとの接点であり、今の売上げの基盤となっているものである。事業承継と同時に、商品やサービスなど顧客が価値を感じているものまでまったく新しく改変してしまい、得意客が離れて業績が悪化することもあるため、注意が必要だ。受け継ぐことと、新しくすることを明確に切り分けることが大切である。

次世代体制づくり

筆者はこれまでに、数多くの事業承継コンサルティングを手掛けてきた。その経験から、次世代の体制づくりで最も効果的な経営システムは「ジュニアボード」であると断言できる。

ジュニアボードとは、企業経営における「若手（青年）役員会」のことであり、いわば、次世代の役員・経営幹部候補を育てる研修であるとともに、単なる集合研修（座学）や経営シミュレーションにとどまらず、シャドーキャビネット（影の内閣）として、経営の現状と将来について具体的に提言する機関と定義付けることができる。

ジュニアボードによる期待効果は数多いが、具体的な運用事例として、売上高八〇億円、従業員数一〇〇名のS社の取り組みについて紹介する。S社のジュニアボードメンバーは八名で構成され、検討テーマは「『ポスト2020』を見据えた中期ビジョンの策定（一〇年後を見据えた三年の中期ビジョン策定）」であった。メンバーの年齢層は四〇歳前後で、一〇年後の活躍が期待される人材で構成した。なぜなら五～一〇年後のビジョン（展望）を実践するのは、その時点ですでにリタイアしている現在の役員陣ではなく、この層のメンバーだからである。そのときの前線に立っているであろう人材の手で描くほうが、「自分たちが主役となってこれからの会社をつくり上げる」という自覚を促すことができる。

検討内容は、事業戦略、財務戦略、組織（人材）戦略、経営システムという四つの視点で議論し、最終的にアクションプランまで落とし込みを行い、役員会に提言する。役員会では、ジュニアボードから提言のあった内容を精査し、全社の事業戦略へ落とし込みを行う流れである。

ジュニアボードの効果としては、次世代の役員・経営幹部に登用する登竜門として、メンバーの「経営者的な感覚・発言・調査研究・行動」を評価することができる。また、それと同時に、メンバーの育成という観点から、「経営者視点」「中長期的な視点」「全社的な視点」という三つの視点を身に付けられるメリットがある。

ジュニアボードは、次世代の経営メンバーを育成するための実践的経営システムである。毎年、ジュニアボードのメンバーを半数ずつ入れ替えながら、一五年間も継続実施している中堅企業もある。そのような会社は結果的に、経営幹部メンバーの体系的な育成がしっかり実施できているところが多い。

ホールディング経営

昨今の事業承継を巡る大きな課題は、これまでオーナー一族で経営してきたのに、現在は承継する相手がいないといったケースが非常に増えている点である。こうした課題を解決するスキームの一つとして、「ホールディング経営」がある。これは一言でいうと、「財産・債務と事業を分離するスキーム」である。

ホールディング会社（持ち株会社）は、ファイナンスセンターとしての役割を担い、グループ全体の固定資産と借入金を集中管理する。ホールディング会社の収入源は、事業会社からの利益配当、不動産賃借料、事業会社から間接部門が受けるサービス料が柱となる。また、事業会社の最大のミッションは、事業収益、すなわちキャッシュフローの最大化である。ホールディング経営を成功させるためには、大きく次の五つの原理原則がある。

◎グループ全体の理念・方針の明文化と統制

各事業会社に軸がなければバラバラの状態となり、グループ全体としてシナジー効果がまったく発揮できなくなる。グループ全体として、理念・ビジョン・方針を軸に、バックボーンシステムを構築しなければならない。

◎ホールディング会社は「手を離して目を離さない」

ホールディング会社の位置付けは、グループ会社の方向付けと、各事業会社の管理監督業務であり、各事業会社の事業活動における判断機能を担うと、各事業会社の自律性が損なわれてしまう。〝放置状態〟(目を離した状態)になってもうまくいかないため、ホールディング会社と事業会社のポジショニングが極めて重要となる。

◎事業会社は「一社一事業」を原則とする

事業会社を「営業」「設計」「建築・土木」など、機能別組織に分社化したいとの相談をよく受けるが、これは本来の形とはいえない。事業会社の売上げは基本的に顧客からの収入でなくてはならない。マーケットと顧客が、ダイレクトにつながらなければならない。

◎過去の経営成績に対する責任・リスクを負わせない

各事業会社に、過去の経営結果による財産や債務を背負わせてしまうと、各社は消極的な「守りの経営」に終始し、過去の延長線上でしか手が打てなくなる。事業会社の役割は、収益およびキャッシュフローの最大化であり、損益計算書中心の経営に注力する必要がある。

◎事業経営者の育成

ホールディング経営の特徴として、権限委譲による「スピード経営」を挙げることができる。外部環境が目まぐるしく変化する中、最前線で事業会社が判断しながら即時即決で意思決定していくことは、ホールディング経営のメリットといえる。ただし、血縁関係で事業承継する場合と同じように、経営判断のできる人材を育成することが大前提となるため、各事業会社の経営者育成が最大の鍵を握ることになる。

おわりに

建設業は、地域経済の発展になくてはならない産業であり、〝地方創生の立役者〟である。逆説的にいえば、建設業の衰退は地域経済の衰退を意味する。中堅・中小建設業は、大都市でシェア十数番目に甘んじるくらいなら、地域で愛されるシェアナンバーワンを目指すべきだと筆者は考えている。

本書では、建設業において近い将来に起こり得る「市場縮小下における経営戦略」、一〇〇年先にも選ばれる建設企業となるための「ナンバーワン戦略モデルづくり」、不況を勝ち抜くための「高収益モデル実現のポイント」、そして今後さらに深刻化していく人材不足に対処する「成長戦略実現のための人材戦略」などについて解説してきた。

これら全てに通じるポイントは、〝建設を極め、建設らしくない〟を追求し、「捨てる」「改める」「新しくする」ことを決めることにある。最後に、地域発展と事業成長へ挑んでいる志高い建設業の経営者、および関係者の方々へ次の三つのメッセージをお伝えし、本書を締めくくりたい。

①「捨てる」――過去の習慣やしがらみから脱皮する

「うちの業界では……」「わが社では……」「業種的に粗利益率一五％以上は難しい」などの文言は禁句としたい。このような発言をした瞬間に、改革がストップしてしまう。過去の実績のうち、大切に継承しなければならない部分を残しながらも、未知の領域にチャレンジしている企業ほど高収益かつ成長発展している。

実際、近年の建設業で見られるような、ブランディング戦略の構築やサービス化（運営面まで含む）などの成功事例は、およそ一〇年前には考えられなかった取り組みである。企業は変化をしなければ成長しないし、事業は衰退していく。ライバル企業よりも一歩先を進む、よいと思ったことは今日からすぐにやってみる。こうしたことから改革を進めていただきたい。

②「改める」――企業価値の追求に思考を転換する

ファーストコールカンパニーとは、一〇〇年先も一番に選ばれる企業のことをいう。建設業に置き換えると、特命受注や指名受注を獲得することが、ファーストコールカンパニーにつながっていく。〝よりよいものを早く安く建てる〟から、〝何を企業価値として提供するか〟へ考え方を転換し、その価値を追求していかなければならない。例えば、「工場建設で効率のよいレイアウトを考えた設計ができる」「お客さまが集う小売店舗の設計ができる」など、自社はライバルと比べて何が得意かを顧客に理解してもらう必要がある。

地域の建設業において、価値を発揮する上で重要となるポイントは、地域のコミュニケーションとまちづくりだ。具体的には、「高齢者が安心・安全に暮らせるまちづくり」「人が集まるまちづくり」など、構造物を建てる目的を「街を創る」「街を活かす」といった視点で設計・施工することである。「〇〇地域の建設会社といえば〇〇建設」というような、地域の象徴的な企業を目指していただきたい。

③「新しくする」――人材育成の取り組みを刷新する

間違いなく、今後の建設業は人手不足が深刻化する。すでに現時点で、「現場監督の不足で受注が取れない」「人さえいれば二倍の受注案件がある」などの話を聞くことが多い。

このような状況の中で、しっかり取り組んでいただきたいのが、「学び方」を新しくすることである。従来のように先輩の背中を見て仕事を覚えさせるのではなく、「一〇年かかる技術の習得を三年でできるようにするにはどうしたらいいのか」「三年で一人前の人材を育てるには何をしなければいけないか」など、学び方を効率的かつ標準化・スピード化するシステムを早急に構築したい。人材の質と量と実績（経験）を極める「人材ブランディング」によって、仕事を特命受注することも十分にあり得る。

外部環境の変化の影響を受けやすいことが建設業の特徴でもあるが、ファーストコールカンパニーを実現すれば、そうした変化と関係なく持続的に成長発展する企業となることができる。本書で紹介したモデル事例や成功ポイントを通じ、地域になくてはならない建設企業が一社でも多く生まれることを切に願っている。

最後に、本書の執筆に当たって、数多くの方々からのご支援・ご協力をいただきました。この場を借りて感謝を申し上げます。建設ソリューション成長戦略研究会の趣旨に賛同し、講演・視察をご快諾いただいた企業の皆さま、並びに本書の事例掲載にご協力をいただいた企業の皆さま、そして建設というドメインで多くの知見を得る機会を与えてくれたタナベ経営、当研究会の運営メンバーなどのご支援がなければ本書は存在し得ませんでした。

また、出版にご尽力いただきました、ダイヤモンド社花岡則夫編集長、前田早章副編集長、小出康成氏、編集にご協力をいただいたクロスロード安藤柾樹氏、装丁をご担当いただいた斉藤よしのぶ氏に御礼を申し上げます。

竹内建一郎

[著者]
竹内建一郎（たけうち・けんいちろう）
タナベ経営 建設ソリューションコンサルティングチーム リーダー
同志社大学工学部卒業後、大手製造業に入社。設計・開発業務を中心とする商品開発に携わり、数々の商品を市場に送り出す。タナベ経営に入社後は、企業再建や成長戦略策定などのコンサルティングに従事し、企業の成長発展に多くの実績を上げている。2015年9月より「建設ソリューション成長戦略研究会」を立ち上げ、リーダーとして活躍中。モットーは現場・現実・現品の「三現主義」。

[編者]
タナベ経営 建設ソリューションコンサルティングチーム
コンサルティングファーム・タナベ経営の主宰する、建築・土木・建設資材など建設業関連分野を対象としたコンサルティングチーム。全国主要都市10拠点において、ファーストコールカンパニーを目指す事業主の事業戦略から組織戦略、経営システム構築、人材育成まで幅広く手がけ、多くの実績を上げている。

ファーストコールカンパニーシリーズ
建設業が勝ち残る「ビジネスモデル革新」

2018年8月1日　第1刷発行

著　者——竹内建一郎
編　者——タナベ経営 建設ソリューションコンサルティングチーム
発行所——ダイヤモンド社
〒150-8409　東京都渋谷区神宮前6-12-17
http://www.diamond.co.jp/
電話／03･5778･7235（編集）　03･5778･7240（販売）
装丁————斉藤よしのぶ
編集協力——安藤柾樹（クロスロード）
製作進行——ダイヤモンド・グラフィック社
DTP　———インタラクティブ
印刷————信毎書籍印刷（本文）・加藤文明社（カバー）
製本————ブックアート
編集担当——小出康成

ISBN 978-4-478-10483-5